美麗危肌 skin to decrypt

保養、化妝、微整形

李熙麗

晨星出版

contents

美麗解肌 skin to decrypt

contents

危 危險迷人的行銷陷阱

肌 肌膚的愛與恨

解 解析醫學美容

密 祕密，藏在細節裡，妳發現了嗎？

推薦序　女性荷爾蒙成就女人味

台北中山醫院副院長
（簽名）醫師

女性荷爾蒙，對許多女性而言，像是一位「相識已久」、「感情很深」、卻又「認識不深」的朋友。

作為一位婦產科醫師，我還是想藉此重申，不論在理論或臨床上，女性荷爾蒙是讓女人之所以成為女人的關鍵。就談女人最在意的皮膚，年輕時，體內的女性荷爾蒙達到顛峰，如同剛剛完成的布娃娃，蓬潤又美麗。因年齡的增長，荷爾蒙逐漸流失後的女性肌膚，就像逐漸被抽掉填充物的布娃娃，凹陷、摺痕等衰老跡象逐漸出現。

提醒讀者，不論是屬於哪一年齡層的女性，都應該隨時注意生理期（女性荷爾蒙）的變化，潮起潮落、細微的風吹草動都足以牽一髮而動全身，身體是自己的，妳的感受會最深刻、也最直接。

關於本書的作者，認識她的過程並非呈直線，其中的岔路意味著些許的質疑與困惑。

當她第一次前來邀稿，希望談談女性荷爾蒙時，我是存疑的，因為在此之前並不認識她，但還是樂意提供個人意見。心存的疑點，是她邀稿的用途，也懷疑她能否真實呈現內容。終於，初稿送來了，我們只利用極短的時間修正內文，因為她不僅能完整呈現我所要傳達的，內文的流暢度更超乎預期。討論結束之後，終於忍不住問了，是誰的推薦？是我的同儕，三總婦產科余慕賢醫師的「極力推薦」，而余醫師與作者相識於中央研究院生物醫學研究所。謎題解開了，原來，我們是有相似學習歷程的「同路人」，作者念的是基礎醫學。

這次合作，彼此的默契更佳，接觸到的新文獻也讓我心生不少的感想與心得，希望這些新的資訊，能對讀者有所助益。

在為病人檢查後，常有機會對不易懷孕的病人說「別擔心！妳還有機會。」。而「恭喜妳！（懷孕了）」這句話，更是婦產科醫師經常掛在嘴邊的真心話。然而，對女性荷爾蒙隨著年齡的流逝，我無法違心地說「別擔心！」，不過可以盡量建議病人：多了解荷爾蒙，多了解自己，更要學會多關愛自己。但如果妳不在意外表是否逐漸衰老，那麼，「恭喜妳！」也是我送給妳的真心話，因為**老化是不可避免的過程，而健康的心態才能讓自己過得真正自在**。

推薦序　知識讓妳美得自在

現代美學整形外科診所院長　郭政達　醫師

在「**讓外型更出色的觀念**」下，每個人都有權利選擇自己喜愛的、適合的方式打造一個更美麗的自己。隨著社會風氣的逐漸開放，「醫學美容」便是結合醫學專業背景與美容技術的服務，自二〇〇五年以來成為最受消費者青睞的美容產業，於是尋求醫學美容服務在美容消費形態中已儼然形成主流。在這股沸騰的美容熱潮裡，讀者們是否已趕搭上了醫學美容的列車？還是依然處於觀望之中？

從事整形外科工作這麼多年，經常有機會參加國內外各類的整形研討會、美容整形年會、美容外科年會或微整形研討會等等，除了獲取最新醫學美容研究資訊之外，也接觸許多國內外友人，彼此交換臨床經驗與市場訊息。

綜觀各國整形美容的資訊、技術與普及性，我要說台灣人的確是幸福的。除了民眾容易獲得最新的資訊，廠商也很迅速引進國外最新的儀器、科技與技術服務國人，而且相較於歐、美、日、韓，台灣醫學美容的收費確實經濟實惠許多。

提到醫學美容，我們總是會聯想到韓國，熱潮從娛樂圈席捲到尋常百姓家，這股風潮，也已吹向台灣。隨著人們對美好外貌形象的嚮往，再加上媒體的推波助瀾，廠商更為了區隔市場，五花八門的醫學美容項目、名稱的確讓人眼花撩亂。

眾多曾經在其他診所接受各式醫學美容療程的患者中，**「別人做有效，我做並沒有很有效！」**是她們的心聲與吶喊。這樣的結果是因患者一時衝動的決定、醫師的經驗不足、需求表達不清楚、對療程過度期待、還是患者沒有為自己術後的保養盡力？都有可能。

以最常見的黑斑為例，黑斑有深有淺，在醫學美容的領域裡，是要以物理療程或化學療程治療？就像生病給藥，每個人的狀況不盡相同，有經驗的醫師會根據患者的臨床症狀與皮膚狀況選擇適當的儀器或化學療程以便「對症下藥」。因此，提醒愛美女性，一定要選擇可靠的醫院、診所和專業的醫師。

在本書中，我和作者共同執筆「醫學美容」單元，以最簡易的表格劃分出讀者最在意的皮膚問題、可以選擇的醫學美容治療項目、術中術後皮膚可能出現的狀況、術後持續的效果，讓讀者能一目了然，做出最適合自己的選擇。如此，當讀者對醫學美容有了一定程度的了解後，前往任何的醫學美容中心都不易受騙而花冤枉錢。

本書的作者不僅具備深厚的醫學理論基礎，更擁有專業的美容市場經驗，可以完整將我想要的內容忠實地傳達給讀者，尤其是大部分讀者較不易理解的「作用機制」，本書都有詳盡地介紹。即使是市場上琳瑯滿目的醫學美容課程，其作用機制其實都非常簡單，而且大致相同，是廠商為了區隔市場、或不願意讓讀者有所比較而衍生出來的「商品名稱」。建議讀者把「醫學美容」單元當作工具書使用，有需求時再逐步查閱，可以讓讀者不必為了收集相關資訊而浪費太多的時間。

尋求醫學美容治療是一個重大的決定，亦存在風險，千萬別衝動行事，雖然它是迅速改善容貌的途徑，但水能載舟，亦能覆舟，醫學美容治療也是同樣的道理，若稍有不慎，便會造成創傷。在決定治療前，慎選專業醫師及具備相關經驗的人士提供服務，可以把風險降到最低。因此，在進行醫學美容之前，請仔細檢視所有細節及風險，理性地選擇醫學美容項目，千萬別抱著「姑且一試」的心態。

推薦序 「基本」是一般人最容易忽略的

台灣亞太健康管理協會理事長 戴志一 教授

皮膚是人體最大的器官，也是女人非常想要好好保養的一大區域。然而「基本」才是該做的，只是許多人不曉得或不重視。

很高興為此書作序！本書看似為女性而寫，其實男性讀者也可以由此書內容更瞭解女性愛美的天性以及為何保養有如此的奧妙！

作者將其十多年在化妝品界行銷與推廣經驗的祕辛分享出來，給平日有保養習慣的讀者，按邏輯順序地「危」、「肌」、「解」、「密」破解開。

所謂許多與肌膚有關的專業，其實是民眾傾向應該知道而缺乏教育的領域，所以讓化妝品業者有許多機會藉此賺取高額的利潤，枉顧消費者的權益。從作者為消費者的權益所把關的破題「一廂情願的化妝品行銷」可以了解，業者以所謂的「專業」模糊了焦點，利用媲美「醫學美容」、「微整形」等行銷訴求不斷試圖擴大市場規模，更利用創造流行、為個人美麗加分、給一個全新的自己等故事行銷來吸引消費者，甚至為消費者創造「新需求」、「心虛榮」等名詞來合理化這類的新消費。隨著新品牌、新產品愈來愈多，但真的有如此大的市場規模嗎？

以個人在健康領域這方面的思考，這主要是心理層面與社會層面的健康問題，因為這類服務可以讓購買者產生自信與勇於面對群體，但是，價格與價值取捨中並沒有絕對的標準，所以也產生種種消費問題、消費糾紛。

更可議的是，科學報告與媒體助長了這個領域，讓混亂更為擴大，肌膚相關的基礎理論與實際給消費者的訊息有極大落差，科學報告、專利申請被扭曲使用（前者應用於保護消費者但卻反被用於吸引消費者購買的利器，而後者是保護創作者卻被用來增加價格並強調其特殊價值），生物科技也軋上一角，其實還不夠成熟就被誇大操作。

有趣的是，媒體操作趨向多元，更讓消費者趨之若鶩，看似有利於消費者，但有時候也只證明了其所謂的科學訊息，其實是沒有足夠科學根據也無安全規範可言。但訊息傳遞與發佈者甚至是為商品進行掩人耳目的操作，讓消費者得到的都是正面訊息，負面訊息則敷衍了事。

尤其經常邀請名人、達人代言，進行現身說法或用演戲的方式進行類廣告，再用專家、名嘴上節目大談闊論或將使用者經驗、臨床經驗出書，用各種手法及管道進入通路讓消費者獲知訊息並用看似對消費者有利的行銷方式進行推展。

結果到底消費者買了什麼東西？可能購買者自己都不是很清楚！

單純的「肌膚保養」卻扯出眾多的商品及器材。

作者在本書的後段將「保養與化妝」作非常簡潔有力的解說，有助於讀者及消費者在購買與使用上可以更小心、更有智慧、更健康。最後兩章更將「醫學美容」及「適齡之美」做對照，讓肌膚科技與自然保養由讀者自行選擇。

再次提醒讀者們，別忽略肌膚的基本，讀本書可以讓你得到「他山之石」！

瞭解肌膚之密將可進一步了解健康之密！

自序　美麗消費的覺醒

李熙麗

「女人是形成的，不是生成的。」

——西蒙波娃（Simone de Beauvoir）

古今中外，似乎都將女性歸類在附屬於男性之下的次等性別，更早之前的女性，存在的目的似乎也只是為了繁衍後代。「女人是形成的，不是生成的。」，源自於西蒙波娃一九四九年的著作：《Le deuxieme sexe》（第二性），西蒙波娃企圖告訴女性，女人不是天生就是次等性別，女人是可以有選擇的，而選擇必須建立在深刻的自覺、足夠的勇氣、自信及努力上。現今虛偽的兩性平權觀念依然存在的主因，或許是父權社會長期對女性的壓制，但是女性的默許也是主因之一：堅持某些所謂的女性特權、物化自己以取悦男性……兩性平權、女性自覺，不應只是選擇性的說詞。女人愛美，或許也該超脱某些觀念上與認知上的刻板印象。

關於肌膚保養這件事，現代人似乎已經把它當成是日常生活的一部分，就像每日三餐，定時定量。隨著全球經濟普遍富裕，保養品價值的演變，由以前身分地位表徵的奢侈品、逐漸成了偶而為之的高級品、到現在成了如三餐稀鬆平常的民生必需品，需求量自不可同日而語。大公司更紛紛成立生物科技部門研發化妝保養品，國內外品牌也因此蓬勃發展。

時間的推移、科技的進步、媒體的多元化，讓我們見識到化妝品市場是如此地詭譎多變，市面上也很少見有哪種民生必需品的競爭是如此激烈：電視、雜誌、報紙密集地廣告曝光、購買電視熱門時段以促銷產品、各種置入式行銷、讓人目不暇給的代言人與代言方式……。高度競爭的環境讓大小品牌頻出行銷奇招：感性、理性、科學性、專業性、功能性、比較性……內容精采如萬花筒般，令人目眩神迷。

感謝學校的教育，密集、嚴格的實驗訓練，讓**演繹與歸納等科學方法**在我的工作領域裡發揮了極致的作用，再加上工作範圍的拓展，接觸許多國外的保養品牌廠商、媒體……到最後參與自有品牌的研發，多方累積的經驗讓我今日可以較客觀、廣泛地討論與化妝品相關的話題。

陳述事實，用客觀、理性、科學方式探討化妝保養品才是撰寫本書的目的，既沒有惡意的批判、更不是教導讀者該使用哪些產品、哪些品牌，或者探討哪些產品值不值得使用。話說回來，保養與化妝還是有必要的，只希望身處於行銷時代的讀者們，即使霧裡看花也能保有清晰的思緒，為自己的肌膚挑選最適切的化妝保養方式與產品。

我們常說人體要的很簡單：只需單糖、胺基酸、甘油與脂肪酸、礦物質與微量元素、維生素、膳食纖維就能維持健康；真誠地告訴大家，肌膚也一樣，「她」要的，真的不多。更何況，健康美麗的肌膚，從來就不是單一因素所造就而成，只靠保養並無法成就美肌，如同飲食，唯有均衡才是王道。

※**感謝亞太健康管理協會李宜達先生與郭榮德先生協助繪圖與資料收集。**

Chapter 1
一廂情願的化妝品行銷

競爭者眾、花招百出，若只能利用極短的時間解說，提到哪些內容可令消費者印象深刻？顯現出專業與效果，或許很容易讓人有深刻感受，若再透過行銷的包裝，將這些用詞烙印在消費者的腦海裡，就有了強而有力的競爭優勢。

化妝品，說穿了，就是給皮膚穿的衣服。衣服的品牌風格、訴求點各式各樣都不盡相同，化妝品也一樣。化妝品和其他商品的行銷方式是一樣的，就是包裝產品，目的是賣到消費者手中，只要看見動心的廣告、聽見動人的說詞，禁不起誘惑的人，當然可以去買來嘗試看看，這就是行銷的目的。

化妝品市場大且品牌眾多，各家都想在這個市場裡佔有一席之地。混淆視聽、創造灰色地帶是目前主要的行銷手法，因為在混沌中，廠商有更大的發揮空間，消費者在釐清真相前，可能已經耗費許多無謂的金錢與時間。

至於本章的標題「一廂情願的化妝品行銷」，一廂情願，只是在反諷業者，刻意跳脫客觀的用詞，濫用科學家研究的心血，將科學應用在保養品的行銷手法不僅會毀了大家對科學知識、科學方法的信任，最終也恐會毀了對這個產業的信任。

「醫學美容品牌」與「藥妝品牌」？

相信在大家的認知裡，到醫院就醫、藥房買藥，不論醫或藥，都是用來治療疾病的，不僅迅速而且確實，大部分的消費者對醫藥療效性的信賴度極高。所以，消費者會將醫學美容品牌與藥妝品牌（附註）的保養品與醫、藥相關治療做連結，其實並不令人感到意外，他們認爲在醫、藥這個通路所銷售的保養品，或者宣稱是「醫學美容保養品」，就是跟醫療相關。但讀者別忘了，絕大部分的藥局或藥妝店也都同時有販售奶粉、衛生紙……等許許多多的民生用品。

目前市面上增加許多在醫療院所、藥房、藥妝通路銷售的所謂「專業級」醫美與藥妝品牌，多元化程度已非多年前化妝品只有專櫃、沙龍、直銷、開架式等品牌所能比擬。強調比專櫃品牌保養品來得專業、有效是這類產品的主要訴求！這部分也是前面導言所強調，是廠商所創造出來灰色地帶的行銷手法。

不論是唸哪一科系的專業人士，身邊總是會有一群具有相似背景的朋友。

我算是科學一族，身邊自然有不少唸理工相關科系的女性友人，其中就讀醫學院居多，在這些有保養習慣的朋友裡，她們目前也大都習慣性選擇這類醫美、藥妝保養品作爲日常保養。醫美品牌與藥妝品牌得以異軍突起、品牌數量持續增加，其中這類族群是不容忽視的一股力量，如果連唸科學、醫學的他們都無法解讀這只是廠商打著醫、藥旗幟的行銷方式，那更別說是非本科系的消費者了。

在討論醫美品牌與藥妝品牌的專業性、有效性之前，先看看中華民國行政院衛生署對「化妝品」分類的規範，其實只有兩項：

1、**一般化妝品：**不能宣稱療效，不需要送衛生署備查。

2、**含藥化妝品：**想要宣稱有「療效」（例如：美白、除皺、防曬………）的產品，必須送衛生署審查產品，是否眞的含有衛生署規定「具有療效的成份」（這些宣稱有療效的成份與醫藥的「藥」完全無關）且這些成份必須達到一定的濃度。審查通過後，衛生署會核發每項產品一個字號：

衛署妝輸字○○○○○：進口品牌

衛署妝製字○○○○○：台灣製造

不論是專櫃品牌、美容沙龍品牌、直銷品牌、藥妝品牌、醫美品牌……，這是所有化妝品品牌都必須遵守的遊戲規則。

答案已不言而喻，所謂的醫美品牌與藥妝品牌，其實是廠商所創造出來可以有更大揮灑空間的灰色地帶。

簡言之，**就是含藥化妝品也絕對不被容許含有與藥相同的成份**，既然不含藥，就不會有療效。話說回來，若化妝品是藥，相信消費者也不敢天天使用！

醫美品牌與藥妝品牌跟市售其他通路的保養品沒啥兩樣，只不過是打著醫、藥口號的行銷手法，讓消費者心理期待它更有效。

附註

市場上也有部份廠商將療效性的化妝品（Cosme-ceutical，由cosmetics及pharmaceutical 組合而成）或者高效能化妝品（High-Effective Cosmetic）稱做醫學美容品牌與藥妝品牌，統稱「藥妝品」。標榜有效成份濃度高且安全，強調效果較一般的保養品明顯。其實每一個通路的品牌，包含專櫃品牌，同樣宣稱有販售這類的藥妝品，所以藥妝品並非「醫美品牌」或者「藥妝品牌」的專利。

以「醫師」為名的保養品牌

對相信醫藥是治療疾病絕佳方式的消費者而言，醫學美容品牌與藥妝品牌，已經很讚了，那醫師品牌豈不更優（在社會的認知裡，醫師的社會地位似乎更高一些）？或許有讀者要問，那如果拿醫師品牌、醫美品牌與藥妝品牌保養品作比較，這三者之間到底又有什麼差別？都是醫、藥啊！

現在「醫學美容」保養品在市場上持續發燒熱賣，特別是有醫師加持的「Dr.」品牌。熱銷的原因，大致上和上述的醫美品牌與藥妝品牌所持的醫、藥口號相似。醫生這個名詞，最終還是打動消費者的最大心理因素。

這些唸得出名字的「Dr.」品牌，經營的是一般消費市場，即是有打廣告、或者是消費者在逛街時不經意就可以看得到的品牌；另外還有一些是部分消費者在接受醫學美容課程後，醫學美容中心要求消費者必須購買的「Dr.」品牌產品，而該品牌只由此醫學美容中心供應（醫學美容中心、診所請藥廠或化妝品工廠代工生產的產品）。

有些醫學美容中心、診所，則同時銷售「Dr.」品牌、醫美品牌與藥妝品牌。

綜觀來自世界各地這麼多的「Dr.」品牌，不論是來自哪一國家（台、法、美、日……）、各個醫師的專業領域爲何（皮膚科、整形外科、微整形），這些品牌有一個共同的特色，產品都叫做「Skin Care」，也就是保養品。若「Dr.」品牌要強調產品所謂的療效，同樣必須遵守衛生署所訂下的含藥化妝品的遊戲規則，療效不是「Dr.」品牌說了算。

如果現在可以直接做比較：試者攤開所有「Dr.」品牌與其他市面上所有品牌的全成份表，請化工專家來評斷，請讀者相信，化工專家不會信誓旦旦地告訴讀者這些「Dr.」品牌比其他品牌優秀。

在醫學專業領域，看病、治療，醫師有絕對的權威性，但是在藥劑領域裏，醫師不會比藥師專業；在化工（化妝品）領域，功力也絕對比不上唸化工的專業人士……醫學美容保養品是屬於化工的領域，唯一與醫師有關的是，保養品是用於肌膚保養。

在診療室裏，醫師提供醫療診斷，以病患的利益做爲優先考量，我們必須相信醫師的專業。當這些醫師們一旦走出診療室，開始販售保養品，他們就成了商人，醫師身分的客觀性就值得被懷疑。眞相往往是——商人就是要獲利。

其實「Dr.」品牌沒什麼不好，但也沒有特別好。不必迷信「Dr.」品牌的保養品，各款「Dr.」品牌，只是「品牌名稱」，與醫療無關、更與效果無關。

效果媲美「微整形」的保養品!?

不必挨針就可以有微整形效果的保養品，對渴望有微整形的立即效果卻怕痛、怕留下疤痕的消費者而言，是非常了不起的發明。只需在臉上塗塗抹抹、不必挨針就可以有這麼棒的成效，是不可多得的美麗契機，快去買來試試。

不談、也不用談哪些成份爲何可以達到這些微整形效果，因爲這不是任何專家的專業領域，大概也只有神仙之水這種魔幻的、虛構的才可能達成使命。

在現實生活上或許可以換個說法，既然各大保養品廠商都將產品說得有如神助般：媲美雷射、肉毒桿菌……那麼，這些廠商是否願意承諾消費者，用了這些保養品，能立即除斑、立即除皺、立即讓皮膚平整……可以具有做了「微整形」後的立即性、持久性的效果？消費者以後再也不需要去「醫學美容中心」做電波拉皮、雷射除斑、打肉毒桿菌、注射玻尿酸與膠原蛋白等微整形手術？

廠商不敢也不會給任何人任何承諾，因爲「媲美微整形」只是口號，喊喊口號，開心就好。效果若眞的如此優異，光是消費者的口碑效應就足以讓廠商「坐以待幣」，根本毋需大費周章頻打廣告、降價促銷……。

爲什麼會說塗抹保養品的效果不會如同微整形呢？因爲醫學美容中心的微整形手術是屬

於「侵入式」，直接將填充物打入眞皮層、皮下組織、肉毒桿菌素需達肌肉層（想想打針有多痛！），一次微整形手術的效果也只能維持6～18個月的時間，且必須一再重複施打。廠商所添加的高分子成份，最多也只能在表皮上形成暫時性的「緊繃、拉提」或是暫時撫平皺紋的現象，既無法進入皮膚裡層，更遑論能夠達到宣稱的超級效果。

再說，只要是標榜媲美微整形功能的保養品，售價都比一般保養品高，讀者不需要花費這麼高的金錢購買完全沒有微整形功效的產品，還不如拿這筆預算做微整形，然後使用保溼保養品，不僅效果立即可見，還可以節省不少費用。

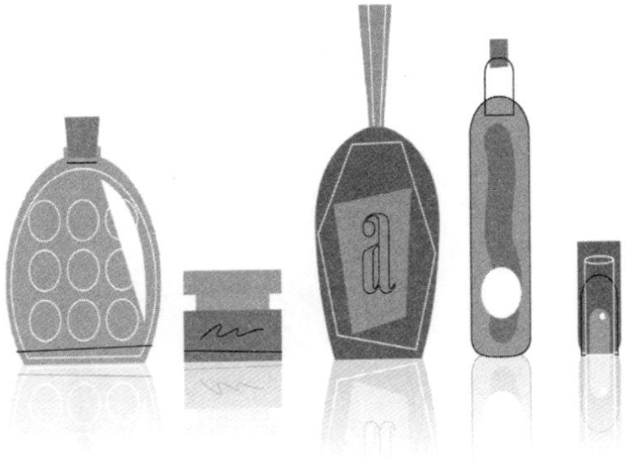

經○○醫師測試，值得信賴!?

保養品在包裝上印有經皮膚科醫師測試、經眼科醫師測試，在目錄上強調經由獨立的醫學研究單位、科學研究機構測試、再加上印有測試後的數據與結果的種種訴求，都可能是消費者購買某些保養品的動機：有醫師、研究單位站出來背書，這些產品應該值得信賴。

事實上，這些數據與結果的可信度到底有多高？

在科學領域，所有的研究都必須是嚴謹的，完整的實驗報告必須包含研究單位、實驗領導人、標題、實驗目的、實驗流程、實驗結果、結果交叉分析、討論等，最後，將完整實驗報告發表於具公信力的期刊，讓世人公開討論。

讀者如果看過眞實的科學期刊，那麼就會了解，一份科學報告的最後，只會有「推論」——可能性，並不會斬釘截鐵告訴世人這份研究報告的「精確性」。

在包裝或目錄上，消費者看見的永遠都只有數據與結果。事實上，實驗流程等大部分內容對多數的消費者而言是毫無意義，而消費者也沒有意願看這麼冗長無趣的實驗過程。我們也願意相信社會上仍存在有良知的廠商，確確實實做了最嚴謹的測試，但限於目錄篇幅，無法完整登錄。

因此消費者永遠無法得知市售產品是由哪個醫學、科學專家或哪個研究單位測試、如何測試、在何處發表測試結果。

在這裡要提醒讀者的是，看見包裝上或目錄有這些說詞，別輕易相信這些數據都是真的，因爲消費者並不需要爲這些打著科學旗幟的行銷口號而付出高額的代價。

含「DNA」成份的保養品能讓肌膚變年輕!?

「DNA」這個遺傳物質（基因）對大部分不是唸本科系的讀者而言是神祕的，不過，藉由新聞或者知識性節目的傳播，民眾大概已經初步了解DNA決定了我們人類與其他生命體（動物、植物、微生物）的外在形狀與內在的生理機能。外在部分，舉凡身高、體重、膚色、五官長相、皮膚狀況等與美形相關的一切都與DNA有關聯。廠商取「遺傳物質」用作爲保養品的成份，無非是想傳達一個訊息給消費者，使用含DNA成份的保養品（產品名稱大都以DNA、基因、肌因呈現），或許就可以擺脫遺傳宿命，改變皮膚現況。

然而，只見新人笑、不見舊人哭，這是大部分化妝品「流行性」成份的共同命運。每當一種新成份造成轟動，就會有其他品牌搶著跟進，紛紛製造含有相同成份的保養品（或取相似名稱的產品，內容的成份完全與品名訴求無關），搶食市場大餅。就如同幾年前流行過的成份：左旋維生素C、玻尿酸、膠原蛋白、EGF（表皮生長因子）、幹細胞……等命運相同，熱潮一過，無人聞問。

事實上，DNA是重新回鍋的新歡。如果讀者使用保養品的時間夠長，就會發現DNA在20年前也曾紅極一時，而以前相信DNA、使用過含DNA保養品的消費者，現在也和大家一樣逐漸地老去。請相信一個事實，如果含DNA的保養品眞的效果無敵，廠商不會讓它停產，跟財神爺過不去。

那麼，含ＤＮＡ成份的保養品，就完全沒有功用了嗎？其實不盡然，以ＤＮＡ作爲保養品成份，可以說它有不錯的保濕效果、能吸收部分紫外線，不過也就如此而已，它完全沒有機會進入皮膚、進入細胞內、更遑論是進入細胞核「修護」ＤＮＡ、改變皮膚現況。說眞的，當電視上有越來越多強力放送名爲基因或肌因的保養品廣告時，以前使用過含ＤＮＡ保養品的消費心裡或許會竊笑，用了含ＤＮＡ成份的保養品也沒有停止老化啊！

請讀者想一想，不談別人，研發ＤＮＡ作爲保養品成份的人員是否都成了不老妖姬？這個成份不知何時又將因失寵而被打入冷宮。

化妝品真的「防水」？

台灣相對溼度高的氣候型態，水分不易自皮膚表面蒸發，停留在肌膚會讓人有黏答答不舒服的感覺，特別是在夏季，對肌膚容易出油、出汗又有上妝需求的消費者而言，上妝最困擾的事莫過於擔心汗水、油脂的分泌而導致脫妝、溶妝！因此，需要頻頻使用吸油面紙或頻頻補妝。

看起來，防水產品，似乎可以符合有脫妝、溶妝困擾的消費者需求。

在銷售現場實際測試產品，經常可以收到立竿見影的銷售奇蹟。有廠商爲了要證明產品的防水性，會直接噴水於產品上、或在皮膚上塗抹完底妝之後噴水，然後以白色面紙按壓，以證明此產品不溶於水，是防水的、是持久的。

這個實驗只能證明，化好妝去游泳池戲水，粉妝不會溶在游泳池裡、不會造成妝容變調、也不會造成水質污染。不過消費者別忘了，**汗水含鹽分，就像「海水」，溶解力比自來水強多了**。

這個測試，可以證明產品防水、不溶於水，但是不能證明「持久不脫妝、不溶妝」。如果皮膚容易出油，臉上防水底妝的粉體一樣會吸收油脂，當粉體已經吸滿了肌膚所分泌的皮脂，同樣會造成脫妝或溶妝。

另外，皮膚分泌的汗水與油脂，是由毛孔內推擠出來，是由內而外，跟廠商所做的實驗的方向由外而內，剛好完全相反。

此外，市售的「防水」底妝、彩妝，是防水不防油的，要不然怎麼用卸妝油或卸妝乳卸妝呢？

「有機」好、還是「天然」優？

新興樂活族（LOHAS）的生活型態除了關心、身體力行環保議題，在消費時，同時會考慮選購對自己與家人健康有益、又不會污染環境的商品。目前在全世界各種文化和國家中都有不少樂活族存在，有機、天然是樂活族消費的中心思想之一。而樂活化妝品的發展，從天然ㄟ尚好，演變成現在的有機才最優。

標榜含有天然成份，聽起來很舒服、感覺似乎很棒，容易讓消費者以爲只要是含天然成份的產品就比較溫和；標榜有機的保養品也一樣，試圖在競爭激烈的市場中與其他品牌區隔。如果現在作市調，問一問消費者對於天然或有機保養品的看法，相信有99％的答案會是「讚！」。眞相呢？「綠色」不只是行銷口號，更是一門好生意。

任何一種天然植物若經過詳細分析，絕對可以分離出數十種化學成份，有些化學成份可能對皮膚不利。舉例說明，例如檸檬。眾所周知檸檬含維生素C，除此之外還含檸檬酸、維生素P、果膠及其他營養物質。但是果皮含香精油，抹在肌膚上會造成肌膚光敏感反應（Photosensitivity）。這些植物當中，或許確實含有某些特定的成份對皮膚是有利的，但並不代表就是直接從植物萃取而來，因爲「萃取」不敷成本。

讀者請試想，市售檸檬一斤多少錢？市售維生素C錠強調，一錠含有20顆天然檸檬的維生素C，而一盒檸檬C錠只賣95元（10錠/盒）。95元這個價錢都不足夠買20顆檸檬，更何況還有其他費用如：萃取時所需的儀器、化學藥品、實驗人員的薪資與產品行銷費。所以，眞正來自植物萃取的可能性有多少？

化學工程最大的優勢是可以合成、大量生產單一成份，可以單獨出售這些單一成份（例如維生素C，天然或合成，功能完全相同），或者先將對皮膚不利的化學成份排除在外，然後按照特定的比例混合成某種植物內的化學成份比例，最後以原料——植物萃取出售。

人們希望返璞歸眞，選用有機食物，至少傳達環保愛地球的觀念。而「有機」這個名詞在化妝品界代表什麼意義？

有機其實毫無意義。

一瓶保養品所含的成份多達數十種，包含溶劑、界面活性劑、防腐劑等等，即使眞是有機植物，跟其他成份混合後，還能稱爲有機保養品嗎？

一項產品如果貼上有機的標籤，就可以賣出比同類非有機產品高出許多的價格。除了有些廠商假有機之名提高一般保養品價格之外，另一種就是，想要通過權威機構的審查，就必須付出昂貴的核准費，產品的直接成本也因此提高。許多國家都有其獨立核准的有機標示圖，目的當然在於收取核准費用。

帶有濃濃樂活商機的有機保養品，到底是眞有機，還是化妝品廠商藉著全世界的樂活生活型態，趁機大撈一筆？

特別為亞洲人所設計的保養系列

社會文化的大環境也是影響消費的因素之一。在化妝品市場中，最南轅北轍的莫過於東方社會的美白肌需求與西方社會的古銅肌需求。黃種人想變白，而白種人拼命想曬黑，乾脆像電影「變臉」一樣，將這兩種人皮膚互換不就天下太平了嗎？

早在阿嬤的年代之前，就有許多的名媛貴婦使用美白保養品，如此千百年的文化傳承，與其說美白是亞洲人的肌膚需求，不如說是深層的心理需求。

「特別爲亞洲人所設計的美白保養系列！」是不錯的口號，聽起來很讓人受寵若驚。但這可能性不高，歐美品牌不需要大費周章特別爲亞洲人研究、設計美白保養品，只需委託亞洲國家（例如日本）生產美白保養品即可，我曾見過多款歐美品牌的美白產品包裝上印著 Made in Japan。歐美女性幾乎沒有這方面的需求，大部分歐美品牌的官方網頁也看不到、買不到美白產品系列。

在大街上，我經常看見西方人訕笑東方女性撐傘遮陽，別說一般的歐美人士，即使是歐美化妝品的供應商也一樣覺得東方人想要美白是一件不可思議的事情，對亞洲人深恐曬黑一事嗤之以鼻。

但更深入地探討歐美人士是否也該檢討自己想曬黑的心態！美白是東方民族的文化傳承，

歐美人士把美白看得過於膚淺，就根本而言，亞洲女性擔心的或許不僅只是曬黑，而是更嚴重的黑斑。

黃種人想盡辦法變白，白種人極力想曬黑，美白產品不論添加何種成份、訴求何種作用機制，即使眞的有效，除非持之以恆使用，否則膚色很快會恢復原貌。

任何人爲的方式並無法改變自身的遺傳因素，這是宿命，是永遠無法改變的事實，我認爲接受它比改變它容易多了。

依據生理年齡作分齡保養

目前化妝品界最盛行的，莫過於「依據生理年齡作分齡保養」。這是我聽過最不可思議的論調！

舉凡熟女、輕熟女應該以生理年齡作「分齡保養」等名詞，同樣是廠商創造出來的行銷口號，因為口號新穎（年齡一事，每個女人自己心知肚明），加上大部分的女人都是感性的，也因此在心中默默認定「好像真的是這樣！」

部分比較理性的消費者或許會想問：

- 廠商如何界定皮膚生理年齡？（用肉眼觀察？機器測試？還是先抽血再根據DNA端粒（telomere）的長短作判斷？）
- 當很多廠商都同時提倡「分齡保養」時，哪一個廠商的年齡區間分類法比較正確？（大家各說各話，莫衷一是。）
- 是誰規定哪種年齡該做哪種保養？
- 該用哪些成份？該用幾瓶？臉部保養需要分齡、還要分區？（眾說紛紜）……。

這種說詞就像是以前絲襪廠商希望大力推廣絲襪，進而造成流行，因此提出「穿絲襪是一種禮貌」的口號！深恐被說沒禮貌，女士們於是紛紛穿上絲襪！現在情況如何？這個論調早在上個世紀就已經被大部分的女性驅逐到外太空了，如果現在有人穿著當時流行的絲襪走在街頭，可能會被當作外星人看待。

別在意身分證上的數字，更別理會廠商爲妳規範的生理數字，依照自己的直覺、需求，自在地選購保養品。因爲唯有自己才了解自己的肌膚是否乾燥、緊繃、哪部位容易出油、可能即將要冒痘痘、生理期是不是快開始了、是否身體不適……

Chapter 2

誇大不實的謊言

喜歡看小說的讀者，可能知道魔幻寫實主義（Magic Realism）這種敘述故事的技巧，作家將離奇的幻想、神話、傳說與現實巧妙地交融在一起。例如近年的《暮光之城》、《魔戒》，還有更早期的《分成兩半的子爵》、《百年孤寂》等。

在現實生活中的化妝品世界，行銷人員把化妝品成份的傳說、珍稀性、故事與科學研究透過文字幻化成無與倫比、帶有魔幻色彩的新效果。於是，消費者的記憶停留在魔幻裡，現實就消失在虛幻的想像中。

很多科學研究成果發表於期刊後，會被行銷人員運用在保養品的行銷上，尤其是具有指標性色彩的「諾貝爾生理醫學獎」。當消費者看到產品上有這些偉大科學家們的說法，自然深信不疑。其實這些並非科學家們的本意，他們的研究純粹是為了促進人類的健康福祉，產品行銷人員只是借用、套用這些科學研究成果，來達到銷售的目的。

由於化妝保養深深倚賴醫學理論，讀者如果想知道下一個可能發光發熱的成份，或者想提前知道廠商的行銷訴求，請密切注意當紅的醫學名詞（例如，幹細胞、表皮生長因子、端粒酶……），或者每年「諾貝爾生理醫學獎」所公佈的得獎人與其成就，就可略知一二。

以下就請讀者接續看這些似是而非的敘述，是如何透過行銷人員荒誕的拼湊，像魔術師那樣將現實幻化成消費者所期待的神奇效果。

理論與實際的差距

或許讀者已經預料到我想說的：過去使用過的或現在正在使用的保養品，爲何無法達到預期的效果，或是連廠商在廣告或目錄中所宣稱的效果都達不到？

任何品牌的保養品，不論其所添加的有效成份爲何，絕大部分是依據皮膚生理理論設計而來。理論上，是有效的。

那麼，產品爲何沒有預期的效果？

先不談產品成份好不好、配方對不對、濃度夠不夠，重要的關鍵之一其實是肌膚能否吸收。朋友們可別忘了，皮膚最重要的功能之一是用來阻絕外在環境的侵害，所以絕大部分的分子、物質都無法穿透皮膚。而皮膚也不會那麼聰明，不會刻意選擇要阻隔哪些成份、或讓哪些成份通過，皮膚不會分辨好與壞，只會擋、擋、擋、擋，能擋就擋。

所以要通過表皮「這層障礙」的層層考驗（表皮層大約由30～50層左右的死細胞堆疊而成），才能夠抵達由活的細胞構成的基底層（成份也可藉皮脂腺或者汗腺管道進入皮膚裡），所以想穿透皮膚的成份得要有一點眞本事才行。

哪些特色才是眞本事，最基本的是分子要夠小，有最大的機會穿過皮膚，這就是廠商所強調的「吸收」。

除了成份可否被吸收，另一項必須考慮的因素是「作用機制」。成份相同，但因體內、體外的作用機制不同，會造成完全不一樣的結果。例如酒精。喝酒，酒精被腸胃吸收、進入體內促使心跳加速、血管擴張、血液循環加速、皮膚泛紅，身體會有「溫、熱」的感覺；相反地若將酒精直接塗抹在皮膚上，酒精吸收皮膚的溫度而揮發，則造成「清涼」的感覺。

許多擁有大分子結構的成份同樣面臨作用機制的問題，例如玻尿酸、膠原蛋白、黏多醣……廠商總是細數這些成份在體內的結構與功效（都是事實），同時暗示消費者，將這些成份搽在皮膚上，可以使之變成皮膚的一部分。

我們就以眞皮層的主要結構、讓肌膚飽滿有彈性的膠原蛋白（附註）爲例，膠原蛋白屬於長鍊大分子，即使廠商強調分子最小、經過奈米化處理、或者有特殊傳輸載體的協助，膠原蛋白仍完全沒有任何機會穿透表皮，想利用塗抹的方式補充皮膚眞皮層（在基底層之下）的膠原蛋白完全不可能，所以無法令皮膚回復皮膚的飽滿度，也無法除皺。唯一塗抹膠原蛋白的好處是可以提供皮膚表面大量的水分，是補水劑的作用，效果只有保濕，如此而已。

成份在體內的結構與功能，只能算是紙上談兵，並不代表塗抹也有相同的效果。

若把體內當成純理論，把體外當成實際應用，那麼理想與現實之間往往都有天壤之別。其他運用生理結構成份而來的理論完全相同。

化妝品行銷如果只是純感性的訴求，那就見仁見智，願者上鉤，順便繁榮經濟。但若變成醫學、科學知識的專業、理性訴求，那就是打著科學名號的欺騙。

附註

膠原蛋白飲品中所含的膠原蛋白，同樣無法變成皮膚的一部分，無法讓皮膚飽滿有彈性。因爲膠原蛋白到了腸胃道，必須被消化成胺基酸（蛋白質的最基本、最小單位）才能被吸收，人體會根據需求利用這些胺基酸合成所需的蛋白質，但不一定是膠原蛋白。我們三餐大都會食用各類的蛋白質（雞、鴨、魚、牛、羊、豬……），我們身上也沒長出這些動物的肉，不是嗎？

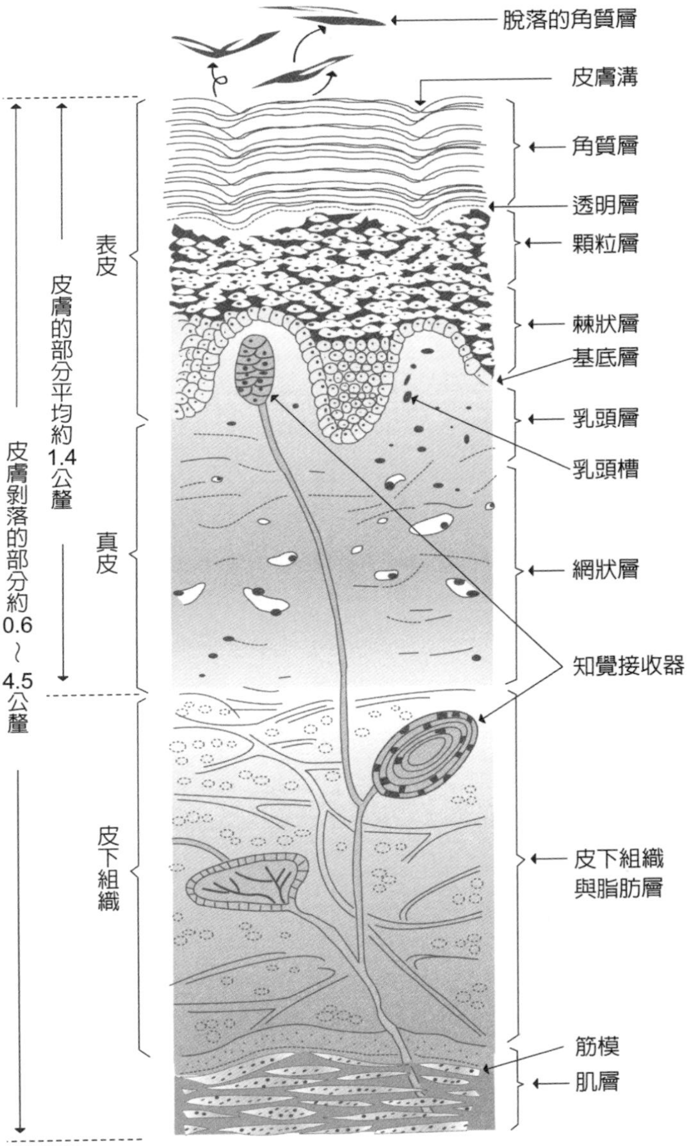

✚皮膚構造圖

科學迷信

僅就近代而言，人們似乎有相信權威的習慣：小時候，老師是小朋友的權威象徵，長大一點後的權威是書籍或偶像明星人物。進入科學革命之後，人類對科學全然的依賴與信仰更是到了幾近狂熱、迷信的地步，而科學家與醫師等頂尖的菁英份子，更成了無可取代的權威象徵。

許多化妝品牌爲了證明成份的稀有、特殊與效能，往往會節錄（斷章取義）知名科學期刊或醫學期刊的報告，利用科學期刊上發表的研究成果證明含有此種成份的保養品可達到所宣稱的效果。

我幾年前曾紅極一時的ＥＧＦ（表皮生長因子）爲例說明。ＥＧＦ被喻爲最尖端、最前衛的科學或爲十大科學成就之首，塗抹在受傷的皮膚可以促進已經受傷的皮膚快速癒合。然而在受傷皮膚所產生的功效，並不代表將含ＥＧＦ成份的保養品塗抹在健康的皮膚（沒有受傷）上也有會相同的效果。

因爲：

- ＥＧＦ表皮生長因子主要的結構爲蛋白質，之所以可以作用於受傷的皮膚，是因爲它具有活性，這類具有活性的蛋白質成份須以特殊方式保存、立即調配，因其活性的半衰期（壽命）非常短暫。而ＥＧＦ表皮生長因子在與其他成份混合、長時間、常溫下保存之後，早就因爲失去活性而不具備任何協助癒合受傷皮膚功能。

- ＥＧＦ表皮生長因子分子量約為六〇〇〇道耳頓（分子量的單位），分子量太大，沒有機會滲入肌膚。
- 即使ＥＧＦ表皮生長因子的活性還存在，肌膚老化並非受傷，搽了也沒有用。
- ＥＧＦ的蛋白質結構，若沒有特殊的防腐劑，非常容易孳生細菌與黴菌。

目前當紅的、號稱含有「幹細胞」保養品的情況亦相同，幹細胞不可能透過塗抹就能滲入肌膚，更別提會有幹細胞的修護再生功能。

- 醫學的幹細胞，細胞是「活的」，需要特殊的儲存方式（液態氮，零下195℃）。而保養品是將所有成份混合在一起於常溫保存，不可能用來保存活的幹細胞。死亡的幹細胞，沒有任何的用處。
- 幹細胞若沒有更多的防腐劑，非常容易腐敗。

所以，保養品添加ＥＧＦ、幹細胞等諸如這類與醫學相關的成份，僅能說是含有蛋白質的保養品，具有一定的保濕效果。只是市面上許多保濕產品並不含這類蛋白質成份，保濕效果同樣優異。而保養品聲稱可以讓皮膚再生，是絕對不可能達成的任務。科學醫學成份名稱應用於產品，很多時候，行銷意義大於實質意義，查看全成份表可以得知，所含成份與行銷訴求一點關係也沒有。

要相信科學，但別迷信科學。迷信，常常會令人失望。

獨家專利的陷阱

相信「獨家專利」或者「專利成份」這些名詞，對很多習慣使用保養品的讀者而言並不陌生，也很容易在品牌目錄上發現，例如，COSMETICS®、COSMETIC ™ 名稱右上角的【®】或者【™】等的符號，【®】指的是Registered（註冊、登記），而【™】指的是Trade Mark（商標）。

經過註冊的商標，表示這個註冊名字是名花有主的，只有申請專利的公司或品牌才能使用。化妝品市場上最有名的專利（或商品名）莫過於P．t．r．，只有特定品牌可以使用這個專利名稱。

比較細心或習慣看化妝品英文全成份標示的讀者一定可以發現，英文全成份裡並不會出現P．t．r．這個專利名稱，取而代之應該是「Yeast Extract」（酵母萃取液）這個字眼。此酵母萃取液組成成份包含胺基酸群、水溶性維生素群、礦物元素及醣類黏液質。

對化工專家而言，要配出一模一樣的酵母萃取液並不困難，但完全相同的酵母萃取液，不可以稱爲P．t．r．。

另外，有些品牌會強調有專利成份「XXX」，這個專利成份可能是眞的專利成份，也可能只是某幾種成份的特定比例或組合，或者根本沒有特別的成份，只要去商標局申請專有的商標名稱，此商標名稱就可以被描述成專利成份，只屬於該品牌使用。

所以「專利成份」這樣的說法，只爲強調成份的專屬性，專利成份卻不見得獨特。然而，只要強調是專利成份，就容易讓消費者甘心花錢購買這些產品，即使這個產品跟市售產品並有太大的差別。

數字謊言

19世紀的英國政治家狄斯累利曾經說過：「世上有三種謊言：謊言、天大的謊言、與統計數字。」

我們經常在廣告上看到，經實驗證明用過某牙膏，蛀牙會降低20%；連續使用某保養品四個星期，皺紋會減少35%、皮膚彈性增加65%……還有還有，平均每分鐘賣出一瓶；十名醫生中有九名推薦X品牌等。翻開報章雜誌，這類廣告多如牛毛。

常言道「數字會說話」但可別以爲所有的數字都說了眞話！眞實數字可以透露事實，僞造的數字可以用來掩蓋眞相，因爲我們必須認知，是人讓數字「說話」，人可以操控數字，相對地人也會被人操控。

在生物學、醫學、農學等科學領域的研究中，合理地進行調查、科學地整理分析收集得來的資料，目的是透過研究樣本來了解總體，這些數據的出現，必須牽涉到實驗設計（experimental design）。

實驗設計這門學問是指，一套「將受試者安排進入實驗情境並進行統計分析」的計劃，它也包含人爲的控制在裡面。然而每一位科學研究者都有其獨特的思維，如果由另外一組人員重新設計實驗，結果可能就不是這麼一回事。

那就更別提有商業行為介入的實驗設計，這類實驗設計會以實驗結果為導向來設計實驗過程，讓最後的統計數字可以符合廠商的需求（附註）。會準備實驗報告，以備不時之需，這還算是有良心的廠商。然而，有更多是連實驗都沒有做的統計數字，只是經過精心設計的數字而已。

例如，使用A產品可以讓皺紋平均減少95％、38％或38.3％，哪一個數字的可信度高？我認為95％是不可能的，而38.3％的可信度較高，因為有小數點，比較像是平均值。請問讀者，你認為呢？

若想要釐清眞相，消費者在購買前必須多問幾個問題。例如，是一哪個具公信力的單位所做的測試？哪些消費者參與該項測試？她們的年齡層如何？她們的膚況如何？她們的生活背景如何？這個數據是如何測得？測試有無對照組？單盲或雙盲實驗？盡其所能地問下去。

數字本身沒有錯，只是別太輕易相信廠商所給的數字。

附註

有部分科學家建議，若有接受廠商贊助的文章要在期刊發表，需明確列出贊助者。

成份標示混亂

化妝品市場大，且在許多明星成份不斷地推陳出新、新技術及應用方式的發展等因素影響下，既有的國內外廠商無不卯足全力，持續開發新產品，藉以擴大市場佔有率，而有更多的生技公司更積極跨入此領域。

因此不僅品牌呈現過飽和現象，連各品牌間的商品也幾乎沒什麼差異性。市場上充斥著含玻尿酸、膠原蛋白、DNA成份的保養品、SPF50 / PA+++的防曬品、立即讓毛孔隱形的底妝品、各種功能性的BB霜……其中只要一個品牌推出新商品且造成熱銷，另一家也要跟著推出，不僅爲了維持消費者忠誠度，更唯恐失去市場佔有率。

由於市場高度競爭，行銷團隊強的廠商，藉由創造新的行銷方式或行銷名詞，例如療效性的化妝品（Cosme-ceutical，或稱藥妝品，由 cosmetic 及 pharmaceutical 組合而成）或者高效能化妝品（High-Effective Cosmetic），以全新、含糊的名詞，創造灰色地帶方式取得市場先機。

這類化妝品目前同樣充斥在各個角落，不論是專櫃通路、藥妝通路、醫美通路、沙龍通路、還是直銷通路，各品牌無不自我吹噓自家產品是醫美級、藥妝級或高效能產品。

敵不過廣告、價格競爭的廠商，只能退而求其次——降低成本。於是我們也看到市場上充斥著只含大量溶劑、乳化劑、增稠劑、香料、防腐劑……而不見所謂有益肌膚成份的產品。

英文全成份標示是消費者最大的保障，但是截至目前爲止，只有極少廠商針對全成份向消費者說明詳細狀況。由於全成份全部都以外文標示，直接翻譯成中文對消費者而言意義不大。不過，現在消費者可以自力救濟，強大的搜尋引擎可以幫上大忙，鍵入原文，就可以搜尋到網路的各種解釋，建議讀者網路資料雜多，尤其是「活性成份」，化妝品廠商或原料商提供的解釋，參考就好。

檢視化妝、保養品的全成份

買了化妝、保養品回家後，讀者是否曾經根據印在外盒或瓶身的原文成份欄上檢視過化妝、保養品到底「眞正」含有哪些成份？成份的含量有多少？有些產品宣稱含有薰衣草，而在全成份欄上卻遍尋不著薰衣草（Lavender）的蹤影？

舉例說明：全成份表

Ingredients:

Demineralized Water (Aqua)・**Dipropylene Glycol**・**Dimethicone Copolymer**・Glycerin・Isononyl Isononanoate・.Phenyl rimethicone・.Dimethicone crosspolymer-2・Dimethicone・Cyclopentasiloxane・Carrageenan・Laminaria Digitata Extract・Algae Extract・Sodium Chloride・

Methylparaben・Sodium Citrate・Lavandula angustifolia Flower Extract・Methylisothiazolinone

1. **濃度（不標示％）：由含量最高往下至濃度最低，每一成份之間會用「點」（dot）分開。**

Demineralized Water (Aqua)：去離子水（水），含量最高；

Dipropylene Glycol：雙丙甘醇（溶劑、保濕劑），含量次之；

Dimethicone Copolymer：聚二甲基矽氧烷共聚物（矽靈），第三；

……

Methylisothiazolinone：甲基異噻唑啉酮（防腐劑），含量最低。

有些產品雖然在中文標籤上宣稱其「活性成份」爲：A、B、C、D，但這些A、B、C、D成份卻是接近成份欄的末端，可見，濃度極低。

2. **學名：國際通用的名稱**

讀者發現了嗎？成份欄裡面完全看不到我們所熟悉的薰衣草名稱：Lavender。其實在成份欄中的植物成份名稱，全都用「學名」表示，是爲了正確的表達和溝通。

只有使用公認的名稱，才不會產生混淆、誤解。依據國際植物命名法規（ICBN）制定的國際統一標準：學名＝「屬名＋種名」。全世界通用的植物學名，規定用拉丁文書寫，因此又稱爲「拉丁植物學名」。一種植物只有一種公認的名字。因此，國際間共同認可「薰衣草」的正式拉丁學名是：Lavandula angustifolia。

就像身分證，適用在國內，出國時是使用「護照」，護照上面會將「中文」名字翻譯成國際通用的拼音。

所以 Lavandula angustifolia (Lavender) Flower Extract：「薰衣草」花萃取

Lavandula angustifolia，是學名。

平常我們所熟之的Lavender，是俗名。

3. 其他成份的翻譯

至於其他成份（大都爲溶劑、界面活性劑、螯合劑……）爲何不翻譯成中文呢？例如，Dipropylene Glycol（既是化學名稱，也是ＩＮＣＩ名稱。），雙丙甘醇。翻譯除了會產生混淆、誤解之外，大部分的消費者其實不易理解「雙丙甘醇」是什麼，還不如只保留原文來得更有意義。只要上網搜尋，鍵入「Dipropylene Glycol」，可以查詢到所需要的成份、功能解釋，那就足夠了。

善用網路搜尋服務，所有的化妝品成份將無所遁形。

生物科技無限上綱

想當年，我如願考上輔仁大學生物系（現已更名爲生命科學系）時，最開心的莫過於我的父親。學校開學前，父親只問了我一句話：「妳大學畢業後要找什麼樣的工作?!」。當時我卻無言以對。

曾幾何時，與生物科技相關的科系已經成爲大學聯考最熱門的選項之一，從許多大學紛紛成立生物科技學系所、生命科學系所便可看出端倪，生物科技（附註）這個產業早已經蓬勃發展。

生物科技的應用範圍極廣，例如醫療領域、農業生技、軍事科技、工業應用、環境保護等許多方面，其中醫藥品最多、附加價值最高，而依賴醫藥理論最深的，莫過於化妝品。

若生物科技應用於醫療產業的發展，使用的對象是有生命的人類，這將造成不確定性的增加，使得一項新發明「商品化」的過程相對緩慢，得投入更多的時間金錢。而化妝品不同，除了不涉及生理機能，其中的商機比醫藥市場更大更誘人，加上民眾對功能性化妝品的渴求，於是許多藥廠紛紛投入短時間即可見到利潤的化妝品產業，引燃全球美容生技化妝品產業熱潮！

綜觀近年保養成份的流行發展，幾乎每1～2年就會有明星成份的出現，例如果酸、左旋維生素C、維他命A醇、膠原蛋白、透明質酸（玻尿酸）、表皮生長因子、類肉毒桿菌素、細胞激活因子與最近的幹細胞，再搭配與時俱進的奈米化科技、微脂體（Liposome）傳導技術等，生物科技結合其他高科技的保養品正在全球延燒。

在生物科技與醫學注入下，化妝品已被賦予全新的意義。在可見的未來，生物科技將繼續帶領保養品走向另一個里程碑。

但是最讓人憂心的，莫過於將化妝品與奈米技術結合。透過奈米技術（變得更小、對皮膚的穿透力更強）處理的化妝品，不論是強調成份的奈米化或者是產品本身的奈米化，安全性質都得擔憂，因爲安全成份經過奈米化之後可能變得不安全，不安全的成份（例如，防腐劑）經奈米化之後穿透力變大，傷害性可能增強，就更別提奈米未知的領域。

附註

生物科技是指融合遺傳、分子生物、生物化學、細胞學、胚胎學、化學工程等等，並利用生物體來生產有用的物質、改進製程、改良生物特性，降低成本或創新物種，以達到增進人類生活品質的目的。

Chapter 3

媒體廣告與代言人

廣告無處不在。每天，我們都可以從電視、報紙、雜誌、網路等看到各類產品的廣告，廣告早已滲透到我們的日常生活，食、衣、住、行、育、樂，無一倖免。我們已進入了一個各媒體彼此交錯的年代、一個媒體操縱的時代。

標準的化妝品廣告樣式很簡單，產品+美麗模特兒+文字（或旁白），最重要的是，在不顯眼的角落，廠商得印上：「北市衛妝廣字第○○○○○號」，表示這廣告內容是經台北市衛生局核准。需要廣告核准字號，就得受限於文字與內容，不可以誇大不實。然而消費者心裡很清楚，這是廣告，有興趣的會多看一眼，沒興趣的直接跳過。

但現在許多化妝品的廣告形式已經跳脫了我們所認知的標準模式，變化莫測。置入式行銷無所不在，各大媒體更巧立名目置入商品，收取廣告費用。這類置入式行銷的方式除了可以直接跳脫審查，最大的優勢是，媒體可以依不同主題寫入商品，不同於廠商直接刊登的產品廣告，所以消費者容易卸下心防，比較傾向認為這些是被報導的好商品，值得嘗試。

除了直接的廣告、電視買時段的廣告之外，還有哪些是被列為置入式的廣告？電視、報紙的「業配新聞」（新聞配合廣告業務），電視時尚談話性節目、時尚雜誌的廣編、美妝情報、美妝新鮮貨、美妝企劃、流行趨勢、新品快訊、產品評比、時尚美妝獎項……觸目所及，全是廣告。

業配新聞

讀者請回想一下，有關保養、化妝品的新聞其實經常在電視畫面或者報紙版面出現。例如，母親節或者百貨周年慶檔期即將到來之前，總會有些新聞提醒我們要先做好功課，以便搶購最優惠的保養品組合。緊接著就會有記者去採訪特定品牌的品牌經理、公關人員，而受訪人員會對當下的活動提出適切的建議，並提供自家品牌的優惠活動供消費者參考。

播報一個醫學美容失敗例子的新聞，記者會去造訪特定的醫學美容中心或診所訪問特定醫師對這類新聞的看法，並對消費者提出懇切的建議。

或者在每小時新聞節目結束前，給大家來一場某化妝品牌所舉辦的時尚派對。這類置入式行銷不勝枚舉。

由於這類廣告是出現在新聞節目或者報紙裡，且內容似乎是關乎消費者的權益，消費者自然而然會將這類置入式行銷歸類成消費性新聞。

在電視媒體或報業，將這類的行銷方式賦予專有的名稱——「業配新聞」。新聞配合廣告業務，業配新聞出現在電視新聞、報紙的頻率一樣高。換句話說，這類有記者署名，看似新聞，其實是花錢買來的另類廣告。

當然，除了化妝品，食、衣、住、行、育、樂，甚至是政府的政策，都可以成為置入式行銷的主題。

對消費者而言，大概難以分辨這些究竟是否爲有口皆碑的好品牌，亦或只是廠商花錢請記者報導的業配新聞？

許多新聞媒體淪爲廠商的宣傳工具，在潛移默化中，我們似乎也被這些似是而非的新聞催眠，重點是，廠商的廣告目的達到了。

電視時尚節目泛濫

在 Youtube 大行其道之前，除了時尚雜誌，電視流行時尚節目亦是很多喜愛時尚人士所仰賴的訊息來源之一。那時候的流行時尚節目，觀眾心裡其實再清楚不過，這些內容大多是由特定廠商付費、提供。但由於拍攝畫面精緻，且節目穿插不同人物或設計的深度專訪，因此還頗受消費者青睞。

畢竟是屬於流行時尚，節目本身也會有退流行的時候，可能是消費者看膩了平淡直述的節目內容，或者缺乏廣告客戶，也可能是其他更活潑的、更親民的新型態節目崛起取而代之，滿足了現代人可以現學現賣、立即變美的需求。

目前最流行的是「時尚談話性節目」——每次鎖定一個時尚主題，由明星來賓親身體驗，現場印證妝扮效果，與關注時尚的觀眾一起分享美麗祕訣。

現場有主持人，有專家、達人在現場親自用多種置入式行銷的保養、化妝品妝扮明星與來賓，還沒輪到上場的明星來賓就在一旁鼓噪、吶喊。

這類型的節目早已經取代精緻流行時尚節目而成為主流。節目中出現的保養化妝品搭配每季出版的時尚美容專刊，成了廣告主的最愛，純靜態廣告早已不敷所需，整合行銷才是未來趨勢。這類節目越來越受觀眾喜愛，即使平常是以教育類為方向的節目，偶爾也會變換口味穿插一下。

很多專家學者都說台灣的媒體生態太糟，但回頭想想，觀眾的口味和收視率主導了電視媒體的節目走向，不是嗎？好的節目若敵不過收視率、廣告量的摧殘，也只能收攤，沒有媒體願意做賠本生意，或許無奈，但這是殘酷的現實。

廣編、流行趨勢、新品快訊與其他

廣告新聞化會增加消費者的信任度，因此我們常常會在報章雜誌上見到長篇大論，但更像是特定品牌或產品的特別報導，這些就是寫得很像新聞的廣告——廣編。不但敘述的口吻像新聞，連排版也很像是眞正的新聞報導。讀者可以特別注意在整頁面的右上或左上角是否有印上「廣編特輯」或「廣告部企劃製作」。

廣編一定會出現在報紙與雜誌內，不論讀者想不想看、願不願意接受，這是報紙或雜誌提供給廣告主的服務項目之一，它會佔據固定的版面。

對讀者而言，花少許費用買份報紙來打發一兩個小時是很經濟實惠的，以價值計算，一份報紙十五元，簡直物超所值：內容包含政治、社會、經濟、社論、短文、生活、影視、八卦等等各類報導，有這麼多充實的內容做後盾，讀者不會介意報紙有多少版面用作廣告，更何況是只佔一小部分的廣編內容。

但是一本時尚雜誌幾乎與一本書同等價格，書有收藏的價值，而雜誌呢？無論可以從時尚雜誌讀到何種訊息，可以確定的是，流行會很快地汰舊換新，時尚話題可以掛在嘴邊，很難留駐心裡。

翻開市售的流行雜誌，彼此之間的差異性越來越小：廣告商差不多、封面故事、內容大綱大同小異，再加內文的編排很多都是在服務現有的、潛在的廣告商（美妝企劃、流行趨勢、新品快訊）。

花兩百元買一本可以進入作者複雜思考過程的書籍絕對是值得的，但是對我而言，選購一本雖有高質感印刷，卻大部分都在做工商服務的雜誌是極度浪費的。

所以，還需要雜誌嗎？光賣雜誌可能無法讓雜誌社賺錢，但廣告商可以。在過往的工作領域中曾接觸不少的雜誌廣告ＡＥ，言談中不乏提及下次出版的大綱，非常適合某類廣告；更甚者，是直接鎖定廣告對象，再編排雜誌內容。說得直白些，雜誌爭取在書店、超商上架，或許只是爲了跟廣告主證明雜誌的能見度，以爭取廣告稿。

回頭看看雜誌，至少我認爲現在大部分的時尚雜誌製作都不用心，大部分是利用廣告商提供的各類資訊製作出這個產品。雜誌社願意花很多時間想題目，算計這些題目可以邀到多少廣告稿，卻不願花多一點時間去體會會買雜誌讀者的感受。不用心，只會讓讀者更疏離。

產品評比的可信度

傳統的化妝品廣告，除了美麗的模特兒或動人的文字（廣告、廣編），另外，就是以比較產品方式呈現。

如果廣告上只出現四個產品做比較，依廣告主題，主角可能比另外三個好，但是如果跟其他市售幾千種類似產品比較或改變廣告主題，未必就比較好。這類廣告，改變觀感是其主要的目的。

比較產品各項功能，早已成了各個報章雜誌的置入式行銷主題之一，保養品如此，底妝品更甚。常見的產品評比是平均取四款產品，分別比較其保溼、滋養、柔潤、延展性等功效，依不同的功能給予評分，但是四款產品最後的總分數通常會是一樣的，因爲雜誌不願意得罪任何廣告主。例如A產品，保溼4分、滋養3分、柔滑度4分、延展性5分，總分16分；B產品，保溼4分、滋養4分、柔滑度4分、延展性4分，總分16分；C產品……以此類推，沒有得罪任何一個廣告主。

那麼，市售類似的產品有千百種，爲何獨挑這四款作比較？原因有二：一是已經是廣告客戶的商品，二是極具潛力廣告客戶的商品。

除此之外，附帶於各類產品的評比章節或版面，報章雜誌會邀請各專家、達人針對某些受評比產品或成份提出看法。讀者會不會眞的認爲這些評語都是出自專家達人之口？他們可沒有那麼多閒功夫。

比較常見的情況是由編輯執筆，專家達人簽名背書。當然，報章雜誌要請這些稍具知名度的專家達人爲產品、成份美言幾句，也是要付出代價。

目前最常見的產品評比，是出現在各醫師、專家、達人所出版的書籍中，這些書多有數個章節評論產品，分別探討清潔、面膜、精華液、霜劑、到各類底妝品的好與壞。對部分消費者而言，這些好壞的評論成了選購產品的參考指標之一。

不論評論產品的動機爲何、以何種科學的方式評比產品，我都認爲有失公允。因爲專家、達人們所專精的領域各不相同，不能以偏概全。更何況，市售的品牌有千百種，爲何只挑這幾款、只挑這幾個品牌？

話說回來，大部分這些出書的專家、達人都有自己代言的品牌、產品或擁有自有品牌，所有好壞評論的客觀性都值得懷疑。

時尚美妝獎項

金鐘獎、金曲獎得獎名單疑遭洩露，驚傳內定？台北捷運公司舉辦宣導禮節的動畫徵選大賽，獎項一公布，馬上被網友大罵，認爲精采作品沒入選，質疑評審不公、有內定！

自從有各類「獎項」頒發以來，內定這類的傳言就層出不窮，如果連具有公信力的政府單位所頒發的獎項都充滿了爭議性，那就別提民間商業團體所設的獎項！又如果流行音樂、影藝戲劇得獎名單是各大唱片公司與影視公司互相廝殺下的產物，那麼商業性化妝品獎項，比較保守的說法，是化妝品公司公關運作得宜下的經濟產物，比較直接的說法是，花錢的是大爺。

市場上每年、甚至每一天都有新的化妝、保養產品上市，頒獎的單位不會只爲了要給消費者客觀公正的評比就花費鉅資，將市場上的每一款產品都買回來逐一試用。還有一個問題是，試用者是哪些人？

無庸置疑，這類商業性的獎項從未公開甄選，即使眞有角逐名單，產品也是化妝品廣告客戶所提供。讀者一定也會質疑，產品評定標準爲何？有多少產品角逐同一獎項？所有訊息屬內部作業、密閉式的、沒有任何公開儀式。我認爲即使是廣告客戶所提供的產品也無妨，畢竟知名品牌、實力較強的公司可以提供一定數量的公關產品。

一夕之間，所有獎項全部出爐，緊接著各化妝品公司的廣告無不極力標榜榮獲某某雜誌所頒發的二〇一二最佳產品獎，獎項還分別註明了是獲得專櫃產品獎、藥妝產品獎、還是直銷通路獎。我突發奇想，如果把這些不同通路榮獲優等獎的所有產品拿來超級比一比，哪一個才最優？讀者別想太多，要服務眾多想要拿獎的廣告商，獎項必須琳瑯滿目才足夠分配。這只是另一種形式的廣告。

目前最夯的時尚美容網路平台所頒發的獎項，即使部分標榜是消費者直接票選，但眞有這麼多的消費者投票？往往消費者的投票形式意義大於實質意義。除了產品初選評定標準爲何、有哪些產品角逐同一獎項之外，如同之前的論述，像是時尚美容網路平台中出現的「商品評鑑」獎項搭配每年出版的時尚美容年鑑，爲的就是獲得廣告主青睞的主因。（於第79頁——網路好評的陷阱單元中詳述。）

時尚美容網路平台同時也會標榜是哪些專家、達人所精選、試用的優質產品，讀者別忘了，這些專家達人不僅專業領域不同，通常也都有代言的品牌、代言的產品或是自有品牌、他們甚至是大型網路銷售平台的主要代言人，這些專家達人是否也同時爲時尚美容網路平台代言背書？

廣告代言或現身說法

人類與生俱來就有一定程度的模仿行爲，小朋友是如此、男人如此、女人亦如此。許多人更將明星、名人視爲偶像，舉凡偶像的穿著打扮全都照單全收，對偶像說過的話也能牢記在心、如數家珍。

因此，對於某些需要能見度的新產品或新品牌，針對目標消費群，找到適當的明星、名人代言，藉由其形象與名氣，可能一舉打響名號，並達到銷售的目的。誰當紅、誰適合、誰與產品所要表達的形象是一致的，就是絕佳的代言人。

目前化妝品業雖然沒有完全跳脫以往純感性訴求，但是現在許多化妝品公司提供與醫藥概念相關的產品，從行銷全世界的大品牌將產品與遺傳、基因、DNA、微整形……做連結便可看出端倪，「醫學化」將是未來的趨勢。

綜觀與美麗有關的市場，不論是以治療爲方向的診所或醫美中心、或是以保養爲中心概念的產品都向醫藥相關領域靠攏，主因是消費者想要更立即而顯著的功效。

或許是美女的視覺刺激已呈現疲乏，不易激發消費慾望，便或是現代的化妝品講究的是功能性，美女牌無法展現品牌專業性，因此需要不同的領域的專業人士爲品牌代言。應運而生的是有越來越多的化妝品廠商選擇在各領域有特殊專長的醫師、專家、達人成爲品牌代言人。

傳統化妝品的廣告不外乎是選擇漂亮明星、名媛當代言人，感性訴求加上視覺神經傳導進入大腦，潛意識裡可能會反射出一個影像，用了這個產品或許就可以像模特兒那般漂亮迷人。

這些模特兒可能天生是美人胚子、經過化妝，或者電腦修片之後才這麼美，絕對不會是因爲使用了這些保養品之後才變明星或名媛，她們已經是名人而且皮膚狀況佳才讓廠商挑中，若單純考慮「投資報酬率」，相信廠商絕不會挑一個無法引起視覺刺激、或引起話題的模特兒當代言人。

因應功能性化妝品的市場需求，尤其是醫學美容通路或是藥妝店通路的品牌，醫師、專家、達人給人專業的形象，是目前最受這類廠商青睞的廣告代言人。這些代言人與化妝品廠商的合作方式有多種面貌，可能直接收取代言費、可能是合作夥伴、或者收取固定的佣金，形式不一而足。

面對市場的競爭，迫使商家不得不請名人爲商品代言。然而消費者是否眞的需要這些名人的推薦？或許，消費者的行爲可以稍作修正，最好的方式是爲自己的消費付出一點心力，下手購買前先做好功課才是最大的保障。

因爲不論代言人的專業領域爲何，他們並無法對對品質、效果提出保證，而且，羊毛出在羊身上，所有費用全會轉嫁給消費者。

目前除了我們周知的明星、名媛、醫師、專家、達人之外，置入式行銷節目、電視購物台更充斥著一群所謂的「行銷明星」。主要的行銷明星，包含男歌星、男明星的妻子。次要的行銷明星，包括本身是二、三線的明星、甚至是由主播、記者轉換跑道而來的明星。

這些行銷明星，藉著有線、無線電台節目的推廣，談話性節目、置入式行銷、電視購物通告應接不暇，其主要的代言型態是「現身說法」——意思是他們「已經使用過產品」之後的感受與分享。

行銷明星推薦的產品從各類美容產品、美容服務、醫學美容課程、美容食品、健康食品、減肥瘦身食品、豐胸食品、塑身衣物……推薦的產品或服務包羅萬象。

對這些行銷明星而言，出席這些節目，只需露露臉、隨意擺個姿態、動動嘴皮子、虛情假意地爲節目中的產品或服務美言幾句，就能得到高額的車馬費，銀子賺得又多又快，又能提高人氣與知名度，何樂而不爲？

若經常看這類型的節目，便可以發現一些有趣的現象。曾看過同一個行銷明星上不同節目推薦不同品牌的保養品、不同的醫學美容課程、不同的ＳＰＡ課程。看她講得臉不紅、氣不喘，就跟眞的一樣，讓人心生佩服。那麼，到底哪一項才是讓她變美的原因？答案是，她天生就很美。

另一個是行銷明星也是演員，同樣地在不同的節目推薦不同的產品與服務，而當她接受時尚雜誌專訪時提到，她的居家保養品與化妝品和電視節目中所推薦的完全不相干（時尚雜誌所列出的產品也可能只是另一種形式的推薦）。所以，讀者在相信之前，請先斟酌他們分享的可信度。

明星、專家、達人寫書

代言的方式，因應銷售通路、產品屬性的不同，除了比較正常的廣告，置入式行銷是首推的行銷方式，上電視銷售平台現身說法也頗具效果，而出書是目前較受醫美品牌重視的行銷方式之一。

關於美容書籍，每位作者皆有其專業領域，出書的內容自不相同，但不可否認，寫書可以爲化妝品品牌、診所或醫學美容中心累積名氣、人氣，又不容易被讀者識破其實爲另類廣告的形式。

我們都無法否認，這是一個崇拜明星的時代，兒童節目的大哥哥、大姊姊是孩子們仰慕的對象、年輕人膜拜明星時尚文化、影集「慾望城市」中的四大美人可能就是成年女人嚮往的縮影。明星魅力無法擋，以致明星出書總能輕易攻佔書市，然而粉絲們比較感興趣的其實是明星的私生活或穿著打扮，閱讀只是附加價值。粉絲貪婪窺探的胃口，正是牟利的巨大商機。

近年來在娛樂圈中，尤其是女明星，出書也成爲一種流行時尚。女明星搶著推出美容書，公開她們覺得不錯的保養品、化妝品以及如何維持美麗的獨門美容密技，骨子裡或許眞的想成爲內外兼備的明星與作家雙重身分。

然而根據收集到的書籍與推論，明星寫書，除了推銷自己，同時也爲牟利。

出書推銷自己，這是肯定的，所有的作家都用不同類別的文章內涵推銷自己的思想。而明星寫美容書的某利，是指廠商可以藉由明星之口推薦美容商品，讓崇拜他們的「信徒」們可以追隨他們的腳步，或讓愛美人士照本宣科購買所推薦的商品。

如果讀者曾經懷疑部落客的推薦，那爲何要相信明星的推薦？

在化妝品這個領域裡，明星不會比消費者懂得更多。明星出書推薦商品或許可替產品加分，但每個女人的肌膚既然都是獨一無二，明星覺得好並不見得適合別人使用，這種行銷方式跟網路部落客針對不同產品的不同貼文有異曲同工之妙。另外一層因素是，廠商可以藉明星之口，強化產品的獨特性與有效性，而若用這些內容去申請核發廣告字號時，大都不會被核准。

會讓人質疑是某利的工具，是因爲明星出書同時推薦這麼多的保養品、化妝品，難不成她們每天都逐一使用這麼多款產品來保養肌膚？那麼，要如何判別到底是哪一瓶或哪幾瓶讓她維持絕佳的膚況？

別忘了，很多明星都有代言的品牌、在購物頻道現身說法，甚至有些明星推出自創保養品牌，明星出書已經成了置入式行銷非常有價值的方式之一。

除了明星之外，專家、達人出書也蔚爲潮流。

在此強調一次，我所稱的專家指的是與化妝品成份、配方、製造、品管、研究、或與專研皮膚醫學有關的專業人士；達人是指精通化妝保養品的末端使用、產品搭配相關的技藝人士，例如保養達人、彩妝達人。

先談專家，目前書市裡出美容書的專家，大致可歸類為化工專家與醫師。這些專家大都藉由成份、實驗分析，來驗證產品是否安全、是否具刺激性、功能敘述是否言過其實。專家們希望讀者能夠學習比較客觀理性的分析、從科學角度切入認識保養品，進而選擇適合自己膚質、膚況的產品。

再談達人，這些我們所熟知的達人們，因為經常受邀參加化妝品品牌記者發表會、美容講座、消費者活動、成為品牌代言人、甚至是時尚談話性節目固定的美容專家。由於達人們的商業活動過於頻繁，姑且不提他們的專業性，容易讓人覺得寫書不是出於自己觀點，而是基於置入式行銷的觀點。

雖然每一位出美容書的明星、專家、達人都有不同的保養論述，只是，是科學值得信賴，還是口碑可靠？不管如何，我想至少也比那些只用一兩次就寫推薦文的職業部落客可信多了。

醫師（診所）寫書

讀者想閱讀醫師寫的書，大概都是出於對醫療專業的信任。

那麼，醫師為了什麼原因寫書？這個答案很耐人尋味，別忘了醫師也有七情六慾，出書原因可以是為破除迷思、行銷自己、推廣理念、推薦自營診所的醫學美容課程，端看個人意志。

目前各科醫師們所出版的琳瑯滿目的美容書中，內容大致可以歸類為七大項，每一項可以是獨立、也可以是以下七大項任意排列組合：

1解析各類誇大不實的廣告、破除保養概念的迷思。
2分析各種肌膚問題成因，並提出預防、保養之道。
3結合保養、用藥、醫學美容治療，全面改善肌膚。
4介紹醫學美容療程，提出適當、安全的治療方式。
5產品評比，針對膚質、膚況需要，選擇最適合的保養品。
6醫師自己保養的心得。
7醫師親身試用過後所推薦的產品。

醫師寫書的論點，就像是治療用藥的道理一樣，每位醫師對於治療都有其獨到的見解，解決皮膚問題的方式各有巧妙不同，但至少都可以提出令人信服的理論，如果讀者看到不同醫師有不同的作法，也不必訝異。

或許有人要質疑，醫師的書有沒有置入式行銷之嫌？

其實有很多蛛絲馬跡可以追尋，例如書中有化妝品的插頁廣告、特定化妝品的兌換券、整形外科診所使用券、書本會跟特定品牌的官方網站或者 Facebook 粉絲專頁連結……這些其實就是一種置入式行銷的手法。

網路好評的陷阱

當我們體驗過某些產品、旅遊、服務、美食、文化等等的絕妙好處時，總會忍不住想和好朋友分享。以前是靠口耳相傳，而現在，除了迫不及待上網打卡分享、同時也在部落格、社群網站上透過文字、照片、影音等多元的形式分享給親朋好友。除了分享自己的心得，也會上網搜尋別人的經驗或心得。

過去買化妝品時，消費者對沒有用過的產品大都心存疑慮：眞的這麼棒？或許是無法信賴那些明星代言人所傳遞的產品眞實性，而且知道廣告是付費刊登的，所以現在的消費者在購買前，大都會上網搜尋網路上有哪些關於產品的訊息，如果評價不錯，購買的動力會增強許多。

流連於網路世界的人喜歡貼文分享使用心得，尤其化妝品。上傳照片、影片到部落格、社群網站，讓別人看見他們親自使用產品的過程，反觀許多明星代言人不可能素顏亮相，而親自使用產品的過程是測試美容產品最有說服力的一環。當消費者看見使用前、後的變化，可能已經蠢蠢欲動想去買來試試。

這樣的情況越來越普遍，網路評價的力量似乎已經凌駕傳統的行銷力量。於是業者開始花錢找高人氣部落客撰寫文章、分享試用心得，因爲他們了解第一手的體驗比廣告宣傳來得直接、有價值。

當網路行銷越來越盛行時，習慣在網路查詢資料的讀者會搜尋到越來越多所謂的試用文、開箱文及勸敗文等等「使用心得分享」文章。然而，當行銷已經滲入網路世界，確實不容易分辨到底有多少是部落客、網友單純的「心得分享」？有多少是廠商付費的另類廣告？

有些讀者深恐被這些商業訊息所矇騙。其實不必悲觀，只要從蛛絲馬跡訓練自己的判斷能力，便能從容悠遊於網海訊息中而不隨波逐流！

部落客的文章往往會吸引一群有著相似屬性的格友，如果此部落客剛好是符合商品要銷售的對象、商品又可以在此部落格出現，那麼，銷售目標族群的「命中率」會比較高。另外，知名部落格一天動輒成千上萬的瀏覽次數，更是商品曝光最好的平台。

玩過部落格的讀者大概了解，部落客與格友或粉絲間的互動並非一開始就從商業角度切入，比較像是朋友間抒發心情、對事件的看法、或者分享彼此所見所聞。格友或粉絲在閱讀部落格的貼文時，對格主的推薦、使用心得會有較高的信任度。因此，一些高人氣部落客的使用心得或意見甚至成爲格友和粉絲們是否選購的依據，有些格友甚至會主動希望格主提供參考意見。

許多業者看準了部落客口碑行銷的效應，希望與部落客合作，請她/他們「免費試用」產品後分享試用心得、或者付費請人氣部落客撰寫文章，於是，這些部落客就成了另類的廣告代言人，或稱「職業」部落客。

拿人手短吃人嘴軟，部落客在撰寫這類商業分享文時對商品的評價通常不會是負面的，當然因部落客的推薦而嘗試後大失所望的例子也不在少數，也會因此招致眾多的批評。

個人認爲不論是部落客眞實的心得或者是廠商付費的廣告，這些分享其實有可取之處，部落客當了白老鼠試用商品（尤其是化妝品），還要拍照、爬格子寫文稿，收費是合理的，正式的廣告代言人搞不好連產品都沒用過咧！請讀者捫心自問：廠商付費請妳當白老鼠試用外加寫推薦文，妳願不願意？

是否對部落客的推薦文買單，完全取決於自己的觀點。了解某些部落客的商業行爲之後，有人或許會失望，感覺似乎是「眞心換絕情」（部落格商業化的結果是，格友或粉絲失去了對格主的信任）。

其實，不必悲觀，如果讀者能夠把分享文當作是格主非常主觀的個人意見時，何不藉由更理性的觀察，不僅可以從中擷取自己想要的訊息（於第85頁中敘述），也可以藉此增進判斷力，何樂而不爲？更何況其實還是有許多不錯的部落客：

- 文如其人，順便看看作者其他文章，藉此判斷格主是否公正客觀、好惡分明。
- 將商品功能描述過於誇大不實或100％讚美，必定是拿人手短的推薦文。
- 產品才剛剛上市，部落格便已經有專文推薦，這一定是商業推文。
- 試用文如果出現在該品牌的官方網頁或與粉絲專頁連結，必定是商業推文。
- 推薦文的照片大都格主自行拍攝，如果套用品牌的照片，肯定是商業推文。
- 開箱文如果大量引用品牌官網關於產品描述的文字資料，絕對是商業推文。

………。

林林總總列出可能是商業推薦文的辨別方式，但仍無法涵蓋全部，畢竟部落客形形色色，讀者還是要自行斟酌是否選擇相信網路的推薦。而網路上有這麼多的商業推薦文，比較值得注意的是格主是否願意表態其爲商品試用，但如此聲明，是否能說服讀者以客觀的態度看待推薦文，就看讀者又能領略多少部落客的誠意了！

原本部落格是大家自由分享的單純討論空間，卻因過度商業化而變了質。就有就有部分立委認爲，職業部落客用推薦保證（薦證）的方式宣傳，假借分享之名，實際上收取廠商傭金，有對價關係，等於是網路廣告，也等同代言。於是：

立法院已三讀通過「公平交易法」修法，且依公平交易法第21條第4項規定：

「廣告薦證者明知或可得而知其所從事之薦證有引人錯誤之虞，而仍爲薦證者，與廣告主負連帶損害賠償責任」。

你看出來了嗎？重點在「對價關係」。

由於「職業部落客」的影響，導致大部分的美妝部落客的公信力下降，再加上官方立法介入，這種「素人代言」式的部落格行銷已逐漸式微，取而代之的是更細膩的操作模式，就是網路線上美妝討論區。

目前網路上出現越來越多的美妝討論網站，原先這些開放式的網路平台的美意是提供消費者一個分享購買、使用美妝品的親身體驗，提供其他網友更豐富的美妝資訊，讓尚未購買的人，可以先參考他人使用後的感想，充份評估再做決定。

俗話說：上有政策，下有對策。當大家把炮火投向「職業部落客」時，網路線上美妝討論區隱密性不易被查覺的空間，就成「樁腳」與「打手」最佳的隱蔽處所，而這些樁腳與打手同樣也是業者付費。簡單說，所謂的樁腳，其實與部落客性質相似，就是假裝成一般的用家，爲產品美言或護航。而所謂打手，通常是競爭廠商所聘用，用來持「相反意見」、攻擊對手的產品。什麼樣的人會使用這種方式？

代理商

網路美妝平台本身就是這些樁腳的「經紀人」，化妝品廠商提供試用商品、廣告刊登費用給平台，廣告費用包含了給美妝樁腳貼文的費用（所以，美妝樁腳與廠商沒有「直接的」對價關係）。

跑單幫

單打獨鬥的打手與樁腳（與部落客類似），或者是業者僞裝的網友。

唉！眞是再好的構思都逃不過商業的糾纏。

美妝討論網站的「企業化經營」，已成爲許多商家眼中充滿商機的新管道，除了經營已經現身的美妝品牌，有許多品牌在尚未式進入市場之前，美妝討論網站也成了跳板：先在網路上曝光、刻意被廣泛討論，最後正式登場時，自能引起一股旋風。

觀察入微的讀者或許早就發現，美妝討論屬性的網站，通常都不只是個小網站，背後都有一個大公司在運作。網站業者利用豐沛的心得發表數量去吸引廣告業主，消費者所提供的討論心得內容愈完備，對於網站的收益愈有幫助。也因此，目前的美妝討論網站就像是市售的時尙雜誌一樣，除了提供固定的廣告版面給業者刊登廣告，內容走向也越來越偏向時尙雜誌的廣編、新品快訊、新品嚐鮮等單元。

讀者可能也發現了，部分美妝討論網站已經有了自己的美妝品牌，自有品牌在自家的美妝討論網站上密集曝光，可說相得益彰。

而在 Yahoo! 奇摩網頁上，有另一種型態的網路資訊交流——知識＋（知識家），提供網路使用者在面對日常生活、學習或專業等各方的疑問時，可以向其他網路使用者請教、分享彼此的知識、心得與經驗，或是回答其他使用者提問的一種服務平台。

相信很多網友跟我一樣，在搜尋網路資料時經常會搜尋到 Yahoo! 奇摩知識＋ 的問與答。知識＋已經成爲大眾普遍運用的工具之一。

只是網路平台，不論是屬性爲何，很容易就成爲業者的行銷工具。

所謂的知識家＋互動式行銷法，就是藉助 Yahoo! 奇摩知識＋所具備與其他網友互動的機制（問與答、發表意見、評價知識），增加自身的產品、品牌曝光率。原本知識家應該是知識的交流，現在反而成了廠商免費廣告的平台。

經常瀏覽奇摩知識＋的網頁、也曾多次參與問與答經驗，我認為在 Yahoo! 奇摩知識＋，「自問自答」的炒作方式非常多。例如，發問後在極短的時間內立即有網友回答、答案抄自品牌的官方網頁、有非常明確的電話地址、療程甚至費用、大力推薦某醫學美容中心……。Yahoo! 奇摩知識＋曾公開聲明，此平台僅是提供網友發問並由其他網友解答問題，問答內容皆由網友提供，Yahoo! 奇摩不保證其正確性。

那麼業者為何要操作Yahoo! 奇摩知識＋？最主要的目的為了讓搜尋引擎集中蒐錄在第一頁：當問與答的「主要關鍵字」數量夠多時，不只排名可佔滿整頁，更可帶來搜尋量以達到曝光率。

為了讓搜尋引擎集中蒐錄在第一頁，裡面提問者、解答者大量的關鍵字內容可能潛藏誤導、或涉及誇大不實而造成美容知識的扭曲。因此，與其將知識＋當作知識的來源，不如將搜尋到的資料當作參考即可。

部落客、網路美妝討論、知識＋等各種形式的貼文都可以拿來參考，但不能盡信。貼文作者的膚質、膚況、年齡、生理狀況和你不可能完全相同。產品即使對她們「有效」，對妳不一定「有效」。另外，經常聽見的質地、味道描述是比較主觀的個人喜好，每個人對產品形容的方式也不同。

這時代隨便搜尋就可以找到一籮筐的網路分享資料，我建議讀者，先將搜尋到的資料分門別類，收集好口碑同時找出負面評價，兩個面向互相參考之後，再依自己的狀況做決定。打手認爲不好的，或許正是妳想要的，而部落客或暗樁認爲絕佳的，可能剛好是自己排斥的。例如，部落客的膚質偏乾性，推文中提及高滋潤等說詞，而妳的膚質偏油，那麼，這個產品可能就不適合自己；又或者，推薦文提到打亮皮膚，若自己偏好粉嫩膚況，這個產品也不適合自己使用。

若不談效果，那麼，如何選擇？至少選擇一瓶會用到完的化妝保養品？

1 根據廣告或者所搜尋到的資料，先選定自己想要嘗試的品牌、產品。

2 親身去開架通路、百貨公司試用並請試用在臉上。如果不能馬上試用在臉上，也要想辦法拿到試用品回家試用。塗抹在手背上，只能感受質地與味道。

3 如果對試用於臉上保養品的結果表示滿意，也別急著購買，因爲商店內都有冷氣開放。走出試用地點，測試產品長時間停留在臉上、皮膚的感受有什麼變化。妳對試用品的喜好、感受可能會因爲環境（溫度、溼度）與自己流汗程度的不同而有所改變！

4 底妝品與彩妝品更別急著買，同樣走出戶外，在自然光線下呈現的結果可能會令自己大失所望。

品牌與通路的選擇

從事化妝品行業這麼多年，朋友最常問我，哪一個品牌的產品比較好？這個問題其實不容易回答。

答案就像是當我們要購買日常生活所需的電視機時，有人需求高畫質、有人注重音效、有人喜愛名牌的奢華感、有人考慮多功能性、有人是因爲名人代言、有人是以價格爲最終考量……。

購買化妝品也是一樣，除了不同的品牌、產品的訴求點不盡相同之外，端看個人需求而定：功能、質地、包裝、味道、價格……。

有一個需要強調的重點是，科技發展到了一定的程度，就只能在枝微末節處著墨，看看我們的電腦、手機市場，不就是如此嗎？市售各品牌之間的差異性其實越來越小，差別只在於鎖定不同族群、不同需求、不同價格帶、在不同的地點銷售，因此購買哪一品牌化妝品其實沒有太大的差別，唯一要考慮的是「適不適合」。

上述的說明方式其實有一點籠統，事實上也很難逐一比較眾多品牌之間的細微差異，如果眞要比較，那眞是巨大工程。從一粒沙看世界，直接比較同一集團旗下的不同品牌，從其中看化妝品這個讓女人美麗的產業，讀者可能會有許多驚奇的發現，或者較容易理解其中的奧妙。

目前化妝品市場品牌眾多，大都分屬於不同的跨國化妝品集團(附註)，每一個品牌都有忠實的愛用者。世界三大化妝品集團（L'OREAL萊雅集團、雅詩蘭黛集團與資生堂集團）旗下平均有十五個左右的品牌，分別在百貨公司專櫃、開架通路（藥妝通路）、專業沙龍（或美髮沙龍）及專業醫學美容通路銷售。

對集團而言，同時經營這麼多品牌，最大優勢是「資源共享」，例如成份欄中的某些「獨家成份」，可以應用在所有的品牌之中，因為同集團中各品牌的消費族群「重疊性」不高，在成份欄上出現的成份、配方即使相似度極高，不習慣看全成份的消費者其實都不會發現。

所以，真要比較同一集團旗下的眾多品牌，哪一個才最優？讀者可先以簡單的方式比較同集團、不同專櫃品牌的特定系列，例如美白系列。集團中大都有兩個以上的品牌在百貨專櫃銷售，看看哪一品牌的美白系列比較優？答案已不言而喻，自家人互比，既不偏頗、也不會有惡意中傷之虞。

我認為每一品牌都不錯。除了配方的相似性不談，各集團均為旗下不同通路的品牌創造出絕佳的形象、且各有特色，手心、手背都是肉，都值得盡心盡力地經營。

由集團看化妝品產業，很多不同品牌的化妝品成份或原料都來自相似的原料供應商，所以在品牌的行銷訴求上，不僅可以見到取相同的成份做主要的訴求，且訴求內容也極為相似。另外，一瓶產品所含的成份多達數十種（包含溶劑、脂溶性成份、水溶性成份、界面活性劑、防腐劑、香料等等），不同類別（劑型）產品需要的所有成份也不同，這些可以選擇的成份、原料多達數百數千種，各化妝品牌不可能自行研發、生產。

一瓶產品的誕生，設計理念才是主角，每一個品牌背後都有這類的專業人才，當然也包括醫師在內。

就像服裝，有設計師品牌、專櫃品牌、連鎖成衣品牌等等。以「純棉」這個材質爲例，任何服裝品牌都不可能自己種棉花、採收、織布、染色等等，各品牌都必須向供應商訂購。有了設計理念之後，可能需加入金屬、皮革等其他材質，經剪裁、縫製，最後完成服裝。

哪一個品牌較優？視個人需求而定。

對於保養品，不必迷信於那一個品牌比較好，只要能柔潤肌膚、安全無虞、用起來愉悅、舒適、且價格是自己負擔得起的，就是適合自己的產品。

附註

1、法國萊雅集團擁有，蘭寇、植村秀、碧兒泉、GIORGIO、ARMANI、YSL、薇姿、葆療美、理膚寶水、媚比琳、巴黎萊雅、卡尼爾、契爾氏（Kiehl's）……。

2、美國雅詩蘭黛集團擁有，雅詩蘭黛、倩碧、海洋拉娜、Bobby Brown、M.A.C、Origins、Prescription、DARPHIN……。

3、日本資生堂集團擁有，資生堂、IPSA、NARS、ettusais、及其他開架式品牌。

4、寶僑集團（P&G）擁有，封面女郎、蜜絲佛陀、歐蕾等品牌。

5、法華集團有，Dior、嬌蘭、GIVENCHY、benefit……等品牌。

貴的產品不一定比較好

「貴比較好」的觀念深植人心，舉凡日常生活的食、衣、住、行等等的消費行爲都深受影響，化妝品業者自然深知這種消費心理學，但是「昂貴的保養品就比較有效嗎？」

延續上述的化妝品集團旗下的各品牌，因行銷考量自有其定價策略，價格只是針對不同的消費族群與消費需求所做的行銷區隔之一。除此之外，開架式品牌的產品銷售量甚至是同集團的專櫃品牌數十倍至數百倍。價格低或許是能夠大量銷售主要原因，但產品本身如果經不起考驗，也不會有這麼大的銷售量，因此開架通路的產品不僅比較經濟實惠，有些時候開架品牌的容量較少，因此價格也較低，比起昂貴的專櫃產品絲毫也不遜色，至少屬於同集團品牌的產品，價格高低跟產品好壞、有效與否無直接的關係。

在過往的工作領域裡，由於必須經手產品自國外進口、報關，也參與過自有品牌的研發以及最後的行銷，所以可以深入核心了解產品的眞正成本比例爲何：最貴的部分是包裝、廣告和行銷。所以消費者在百貨公司付出高額的代價買到的是有質感、有形象的產品，跟有效與否沒有絕對的關係。

如果可以擺脫「貴比較好」的觀念，不但有機會買到開架通路的優質且適合自己的化妝品，同時可以節省許多金錢。總而言之，貴的化妝品不一定比較好，便宜的不一定比較差。

不論是昂貴的或者是經濟實惠的，每一家化妝品公司都有「好」與「不好」的產品，**而好或不好，是指適不適合自己的情況**、當下季節使用、是否符合自己期待使用時的感覺與效果等等，適合自己的就是「好的」；不適合自己的就屬「不好的」。我願意相信沒有任何一個品牌會故意設計「不好的」產品。

而對於化妝品價格調漲，品牌官方的解釋讀者一定不陌生，不外乎是反應通貨膨脹、原物料上漲、匯率變化、石油燃料運輸成本、研發成本、人力成本……。

然而讀者有沒有發現，因石油燃料運輸成本上漲而調漲價格，當石油降價時，有見過哪一個品牌主動調降售價？因匯率上漲而調漲價格，當匯率下降時，哪一個品牌主動跟進調降售價？我還見過更扯的，歐元漲，台灣的售價漲；歐元跌，歐洲要漲價，台灣也跟著漲價，眞是「欲加之價何患無辭」。

漲價跟石油、匯率基本上沒有直接的關係，因爲在訂定售價時，這些因素應該已經全都考慮在內了。

對於低價位的化妝品，直接成本上漲可能會有些許的影響，但是對中高價位的化妝品，某些直接成本上漲對其並不構成影響。讀者可以試著回想，在每年兩次（母親節、週年慶）百貨公司「豐年祭」裡，專櫃品牌動輒下殺至3～6折特惠組，以吸引眾多粉絲前往搶購，反觀開架品牌大都只有85折的優惠，主因是這些高價位產品的利潤空間本就有很大的彈性。

另外，殺價、折扣對大部分的購物者而言是另一種樂趣、也是一種成就感，如果能以比原價低很多的價格買到心目中理想的商品，那著實是非常令人開心的一件事。也因此週年慶、母親節的下殺、特惠折扣演變到現在，保養品若沒有折扣或推出特惠組，基本上單瓶的銷售狀況並不會理想，因爲大部分的消費者並不想以「原價」購買。

消費者精打細算，廠商也不是省油的燈，大家都想保有特定的利潤，所以廠商乾脆直接將原本合理的售價抬高，同時將試用包與贈品換算成零售價，將組合後的總市價再打折，讓消費者可以痛快地享有他們所希望的實惠價格，完成銷售。

基本上，消費者並沒有因此佔到多少便宜，但是此舉卻造成惡性循環，消費者不想因爲沒折扣而買到價高的原價商品，廠商卻需因應下殺折扣，不斷地調高原本合理的售價。

除了反應直接成本與利潤的考量之外，還有哪些是化妝品漲價的可能藉口？換包裝、成份更新、配方升級、第二代、第三代……價格隨著代數的增加而增加。由於全成份不完全相同，消費者無從比較成份的直接成本，廠商便能順水推舟抬高售價。說實話，第二代、第三代之間成份的總成本不會有太大的差別。

令人質疑的是，如果第一代已經如廠商所言效果無敵，那又何必大動作更改成份、配方升級（效果不如預期?!）眼尖的消費者或許已經發現，新一代的行銷文宣大都在打前一代的巴掌：新一代最有效，表示前一代沒效？是因爲怕使用者用膩了，新鮮感不再，所以更改配方，再次給消費者希望？還是這只是藉機調漲價格的手段？

反觀，如果某一款保養品很受消費者喜愛，回購率一直很穩定，該品牌就不會一直推出升級版、新成份版，取而代之的名稱會是所謂該品牌的「經典產品」，而且行銷口號會變成「持續銷售二十年，配方、包裝未曾更改」。

調漲價格其實更像是一種心理戰術，因爲如果不調漲價格反應成本，消費者會認爲品牌真的賺很大，廠商也只想藉此告訴消費者，調漲是因爲我們的利潤空間有限。

如果讀者使用習慣的品牌價格直直漲，因應之道，除了趁折扣期間囤貨之外，自己若不想再付出高額的代價，別猶豫，換掉它。

至於要用哪一品牌取代？很簡單，如果不想花太多的時間嘗試眾多品牌，那麼，就選擇同一集團旗下的其他專櫃品牌。我尤其推薦開架式的商品，只要先擺脫「貴比較好」的觀念，那麼就能緊緊守住荷包。

ＤＩＹ真的比較好嗎？

幾年前有電視節目、報章雜誌提倡ＤＩＹ保養品，教導消費者自行調製保養品而蔚爲風潮，甚至有人出書提到，一瓶市價六千元的產品，成本只需台幣一百元！

雖熱潮已退，但是直到現在依然還有消費者想要嘗試看看（市場上有人出書教導），有人更是覺得心有不甘——花這樣多錢購買保養品，被當作肥羊宰割。

看示範者言之鑿鑿，製作一瓶精華液（30 ml）或霜劑（50 ml）只需區區百元成本就可以辦到，怎麼會這麼便宜（大量採購原物料，成本豈不更低）？

想像一下完全沒有下廚經驗的自己，現在要幫自己做一道美食。要眞正做好一道食譜所呈現的美食，可能需要多嘗試幾次，才能獲得滿意的結果。

1首先，買足所有的原料（包含主要食材與調味料），每一種原料都可能要買一整瓶或足夠的重量或數量。

2取每一成份所需的量，必須秤重或使用量杯。

3各原料（主要食材與調味料）的添加順序。

4攪拌或加熱等程序。

ＤＩＹ程序看似簡單，其實非常擾人。曾經待過實驗室的人心裡都很清楚，示範者已經自行練習很多次了，才有辦法很從容地在節目上表演。例如我經過大學四年的實驗訓練、畢業後實驗室工作五年，都不一定能夠自己在家ＤＩＹ，更何況是沒有實戰經驗的讀者呢？

加上示範者和自行ＤＩＹ的人選購原料地點可能不同、不是同一批號、純度不同……，要做出與示範者完全相同的產品可能要多嘗試幾次、嘗試錯誤。科學實驗本來就是如此。

好了，練習了幾次，終於完成作品，那麼接下來又要面對新的問題：

1要如何保存已經製作完成的產品是最大的問題，有添加防腐劑嗎？

2容器有經過高溫殺菌或其他的消毒程序嗎？

3製作一次產品可以用多久？有足夠的恆心毅力持續ＤＩＹ嗎？

根據調查，大部分的人在嘗試兩三次之後就心灰意冷，不想自己做了。說實話，ＤＩＹ也只能做些簡單的清潔用品或保養品。另一個比較嚴重的問題是——原料的安全性。它來自哪裡、純度（雜質可能傷害皮膚）夠嗎？絕不誇張，來路不明的原料問題更多。

回過頭來算算，已經購買的原料或其他儀器、配備的錢，可能足夠讓嘗試ＤＩＹ的人購買一整年所需的保養品！更重要的是，別把自己當成白老鼠去試驗買回來原料的安全性。

這種現象，跟自己在家取天然食材自製面膜類似，例如臉上貼檸檬片、蛋白調綠豆粉等等，很多人都用出問題。

自己DIY產品不會比較便宜、安全！選購市售品牌最大好處是，用出了問題，至少求償有門。

Chapter 4
保養與化妝

一個事件的發生，總會出現不同的聲音，有時甚至會出現極端的觀點。保養與化妝也是一樣，不少女性的觀念也呈現兩極化：一端堅持「自然就是美」，這些女性或許天生麗質、認為保養無效、或認為保養化妝勞神又傷財而排斥拒絕；另一端則是過度保養、過量化妝，梳妝台上瓶瓶罐罐、堆積如山。

儒家經典：「中庸之道。中者，不偏不倚、無過不及之名；庸，平常也。」

從事化妝品教育訓練工作十幾年來，我經常以食物比喻化妝品，一瓶化妝品如同一道美食，包含色、香、味與其他特色，每個人點菜的理由各不相同。買化妝品也基於相似的情結：味道、質地、包裝、功效……。

絢爛的行銷手法、亮麗的名人代言，再加上在選購化妝品前，消費者可能先搜尋網路信息或聽朋友意見……，很容易讓消費者不自覺地購買了許多化妝品。再加上使用習慣——按照順序、層層堆疊，很多女性朋友雖然手上備有各式各樣的產品，但其實並不是全然了解是否需要這麼多、這麼複雜的保養品項與保養程序。

是不是該停下腳步，先聽聽自己真實的心聲、感受一下自己肌膚的需求。真的需要這麼多產品嗎？一定得這麼「按部就班、墨守成規」嗎？現在流行ＤＮＡ成份，我就得跟著用嗎？多問自己一些問題，是比較合乎邏輯的思考模式。

保養與化妝，仍是必需的。撇開誇大不實的功能不談，它們至少可以達到柔潤、保護、防曬與愉悅的作用，降低肌膚耗損的機會，延長肌膚的保鮮期，就像剛買的新車，定期保養，可以延長使用期限。

建議讀者，越簡單越好。因為，再複雜的保養程序、再多的保養品項，它們甚至連表相也無法改變太多，這是在耗費大量的時間與金錢後一定會體認到的事實。畫一個完整、全套的妝容，它會改變表相太多，這是在卸妝後會立刻看到的現實。

保養與化妝，既是肌膚需求更是心理需求，保養化妝或許應該保持隨性態度，不須有特定的公式、特定的步驟。與其花費太多的時間與金錢在過度的保養與化妝上，不如多花時間了解自己的肌膚、了解自己的喜好，藉此找到適合的保養與化妝方式，不僅可以真正做自己的主人，或許也能催化更有趣、更生動的生活。

挑選合適的保養品

在電影「駭客任務」（The Matrix）中，剛脫離母體（Matrix）的尼歐（Neo，基努李維飾演）第一次去見先知，

先知：是否知道為什麼Morpheus帶你來見我？

尼歐點頭。

先知：所以，你認為呢？你是否認為自己就是救世主（the One）？

尼歐：老實說，我不知道。

先知：「……。是不是救世主，跟是否正身陷戀愛中一樣。別人無法告訴你是否戀愛中。你自己就是知道，徹頭徹尾、全身上下都知道。」

「……。Being the One is just like being in love. Nobody can tell you you're in love. You just know it. Through and through. Balls to bones.」

保養跟談戀愛相似，只要產品用起來肌膚感覺舒適、心情愉悅、安全無虞……，那麼它們就是最適合的產品。這些都是自己比任何人還要清楚的感受，保養不必一窩蜂，現在流行什麼

就買什麼，不是別人怎麼說，就該這麼做，保養肌膚更不是寫功課，不需要「墨守成規、按部就班」，就算是寫功課，每個人也有不同的作答模式。

因此，我極力推薦「度假式的保養」模式：先了解自己的需求，了解肌膚在不同年齡、生理期狀況、不同生活環境、季節都會有不同的反應，便能充分理解保養眞正的意涵，然後，如度假般、隨性自在地保養。

打從前面章節開始我便一直在強調，依肌膚的喜好、感受選擇最適合的保養品，但在選購時，還是必須堅守某些原則：

最基本

行政院衛生署規範廠商在中文貼標上必須明確標示：用途、用法、全成份、保存期限、注意事項、進口商或製造商的名稱與地址。如果連這些最基本的資料都不願登錄，表示不願負責任，肯定有不可告人之事，一定不要使用。最恐怖的，莫過於非法成份（藥物，例如類固醇）或禁用成份（例如汞、鉛、雙氧水）被添加在這些來路不明的產品之中。

自己才是最佳的代言人

有人是先天不良，有人是後天失調，每個人的生活習性、身處環境、飲食習慣等等都不盡相同，所以即使是妳的密友，她們的皮膚狀況和妳的膚況也不會完全相同，因此不需要人云亦云，更不需要因銷售人員極力推薦就購買。她們說的話會比任何一個朋友說得更動聽，但她們不會比妳更了解自己皮膚的需求。

既然每個人都是獨一無二的，別人的經驗或許可以參考，但還是勤快些，親自試用，且用於要保養的部位，以免懊悔買了一堆可能只用兩三次就束之高閣的產品。

試用後自我感覺良好

產品要試用在臉上需要保養的部位，而非試在手背上，臉上汗腺、皮脂腺、神經、血管的密度比手背部高出許多，對產品的感受度絕對大大不同。即使當下無法塗抹在臉上，也要想辦法拿試用品回家試用，最好足夠使用兩到三次的量，早晚先各使用一次。總歸一句話，試用就對了！

保有最佳肌膚狀況的保養

清潔

卸妝產品或洗臉產品。只要產品溫和，要選擇什麼都可以，但請切記一件事，使用任何清潔產品潔膚之後（連最方便使用的卸妝紙巾或卸妝棉，它們都浸泡在卸妝油或卸妝液裡，都含界面活性劑，不是卸完妝就可以坐在沙發上看電視），盡快以水洗淨。善待妳的皮膚。切記！保養從清潔開始。

保濕（包含有油脂成份的鎖濕產品）

依皮膚出油量、季節變化、場合需求選擇適當的滋潤度，可以準備二款，其中一款的滋潤度可以高一些可以是純油脂的護理油，因應肌膚狀況的改變隨時更替、或搭配使用。只要讓角質層維持水分、保濕因子、脂質三者的平衡，皮膚就能油水平衡。

這個步驟大概兩個品項就已足夠，最多也不必超過三項。特別建議，每次搭配使用霜劑或護理油時，先挖取少量，覺得不足再加量。

防曬

選擇系數SPF15（防UVB）、PA++（防UVA）以上，作爲日常防曬即可。

根據我查訪身邊的朋友得知，很多人使用防曬產品的每一次使用量普遍不足夠（正常的用量應該0.5～1.0ml／每次），以致於無法達到預期的防曬效果，換句話說，如果一瓶30ml的防曬品沒有在一到二個月內用完，讀者就得重新思考用量不足的問題。沒有預期的防曬效果或許是很多人想尋求更高防曬系數產品的主要原因。

有些讀者選擇高防曬系數的主因是認爲防曬係數越高，防曬效果越好。由附註的資料顯示，SPF15與SPF50對UVB的防禦效果（93%對98%）差異不大，因此不必迷信高防曬系數的產品。並非高防曬系數不好，而是防曬系數愈高，質地越可能令皮膚感覺不適：可能「太油」（化學性防曬成份含量較多）或搽起來「太厚實」（物理性防曬成份含量較多）。如果是因爲塗抹後感覺皮膚不適而用量減少導致防曬效果不如預期，那還不如使用係數較低的防曬品。

清潔、保濕、防曬，已足以滿足大部分人每天的保養需求，其餘功能性的保養品項（抗皺、美白、去斑等等所謂的療效）就盡人事聽天命。之所以不願意討論以功能療效作爲主要訴求的產品，是因爲不僅產品、個人生理狀況與環境的變數太多，且事實也告訴我們，選購這類產品的消費者大都是以失望收場。

此外，同樣也不願在此討論各成份的優劣，因爲成份種類不勝枚舉：一般流行的成份、各家標榜的獨家成份、不斷地推陳出新的新成份，永遠討論不完。況且，拿成份分門別類討論，跟直接探討各品牌產品的差異性基本上是一樣的，容易造成偏頗，顧此失彼。

更何況一瓶保養品裡，所有成份（溶劑、乳化劑、賦型劑、活性成份……）全部交融在一起，各成份比例上的些微差異，都會直接影響最後使用的感覺，而使用的感覺才是是否購買最重要的依據。

附註

美國皮膚癌基金會（The Skin Cancer Foundation）表示，SPF15，對於UVB的防禦效果大約爲93%（1減15分之1）；SPF30，大約爲96%（1減30分之1）；SPF50，大約爲98%（1減50分之1）。

簡單的居家保養方式

我從事化妝品工作這麼多年，朋友除了常問「哪一個品牌比較好」的問題之外，更喜歡問我「是怎麼保養？」、「用多少品項產品保養皮膚？」

這種感覺眞的不錯（暗自竊喜），朋友會問，表示我的皮膚狀況良好：沒有明顯的皺紋、膚色均勻（膚色偏黃但帶著紅潤），且看起來比實際年齡年輕許多。是的，應該可以算是傳說中的「美魔女」。

老實說，我在浴室裡擺放的保養品其實不多：卸妝油、化妝水、成份簡易的精華液、保濕滋潤乳液與防曬，共五款。你可能想問，爲何只有五款？

理由很簡單，肌膚要的，眞的不多。肌膚就像個孩子，不需以山珍海味餵養，只要給予溫飽、營養均衡、生病就醫、細心呵護，大都可以健康快樂地成長。

我並不使用底妝類產品，只畫防水眼線。會選擇以卸妝油卸妝、清潔皮膚的原因很簡單，因爲不論有沒有化妝或外出，汽機車排放的廢氣與空氣污染其實無所不在，所以選擇自己偏愛的質地、味道，且成份簡單的卸妝油作爲保養的第一步。

卸妝油的油脂再加上清潔時的按摩力道，可以很容易地將毛孔內的污物與皮脂溶解，再以溫水乳化卸妝油、沖淨，最後以乾淨的面紙拭淨。

清潔皮膚之後，接著使用可以輕微去角質的化妝水輕拭全臉。停止保養程序。只有一個想法好不容易完全將臉部清洗乾淨，在這樣輕鬆自在的狀況下，實不想再增加皮膚的任何負擔。

另外，在以化妝水搽拭過皮膚後，角質層已經飽含水分與其他成份，要皮膚快速吸收接續的保養品也困難重重，即使雙手不停地按摩也於事無補，這種情況下雙手會是最大的受益者。

後續的保養程序（精華液＋乳液），會等到皮膚感覺乾燥或緊繃的那一刻或者上床睡覺前才繼續。萬一忘了？那就算了，也表示肌膚沒有需求。

忘了後續的保養，肌膚並不會立刻長皺紋、也不會立即長斑點，因爲皺紋（組織退化）與斑點（黑色素細胞活躍）是身體「自動自發產生」，與是否保養並無絕對的關係。

至於國定例假日，我選擇（眞相是，懶惰啦！）讓肌膚休息一下，除了晚上的清潔步驟，完全不給肌膚任何的保養品，讓皮膚自由自在地「呼吸」。給皮膚特定的時間休息是有益處的，這可以「訓練皮膚對環境的適應力」，使肌膚不容易對保養品產生依賴性，也不會造就皮膚成了溫室的花朵。

還是要再次重申，這只是我偏愛的保養方式，且適合個人的生活習慣，僅供參考，並不一定適合每一個人。

P.S：在夏季，使用化妝水之後便停止保養程序。但在乾冷的秋冬季節，皮膚容易乾燥緊繃，便會直接塗抹精華液與鎖濕產品。前面所敘述的保養方式是屬於夏季的保養。

化出自己的風格

「流行是短暫的，風格才是永恆。」這句話對喜愛流行時尚的讀者大都不陌生，且看流行趨勢，幾乎一年半載就轉換一次，想追求流行，恐怕永遠都追趕不上它的腳步。

其實女人最感自豪的，莫過於「不化妝比化妝更漂亮」，每個人都想要，但未必每個人都能擁有這樣的驕傲。若又想讓自己能夠亮麗現身，就得借助化妝方能完成心願，淡掃蛾眉、輕點朱唇，或是更複雜、更完整的妝容。

經常在電視頻道看見許多彩妝達人以「修飾缺點、同時強化優點」的論調，教育大家如何畫一個完整的妝容。或許這是彩妝達人習慣的化妝方式，因爲他們有責任讓女明星們以最完美的妝容出現在螢光幕前，也可能是由於必須使用廠商全部置入式行銷的商品，所以才會如此教育大家。

說眞的，我常都忍不住要給予鼓掌，因爲畫出來的妝容眞的完美極了！讓原本具有70分的姿色，在達人結合「修飾缺點（＋15↑）、強化優點（＋15↑）」的巧手下，成了100↑分的女人，看起來較原先的姿色增加了30分，有些甚至差距更大！尤其是底妝品，對膚況不佳的朋友（附註），影響會是最大的。

妝後如此完美、開心之餘，如何面對卸妝後的容貌落差才是心理最大的癥結，這應該就是許多人所詬病的「女人騙很大」的始作俑者——極力修飾缺點、同時強化優點。

頂級美女畢竟不多，大多數的人充其量只算能是中等美女，即使如此，我們臉上至少都有些優點：可能是極佳的眉型、漂亮的眼睛、濃密或纖長的眼睫、美麗的唇型、整齊潔白的牙齒、高挺的鼻樑、俏麗的鼻尖……。

就跟保養一樣，試著找出自己的化妝風格。

找出臉部優點，用最簡單的方式強調1～2項重點，讓五官流露自然的性感魅力。這樣的妝容完成之後，自己若感覺非常自信、自在，那麼這就是屬於妳個人獨特風格的妝容。而且熟能生巧，久而久之就更能隨意自在地裝扮自己。

此外，一頭剪得流暢自然、方便整理、又適合自己臉型的髮型，更可以爲自己獨特的風格加分。

附註

如果皮膚有黑斑、凹洞、痘疤等問題，建議尋求醫學美容的協助，在短時間內把皮膚變得健康美麗，不論是有形的金錢成本或是無形的時間成本與情緒成本，都比想利用保養品解決皮膚問題要划算許多。詳見本書CHAPTER 5：透視醫學美容。

保養之後上妝的困擾

過去上妝之前先保養的目的，說是爲了保護皮膚以免受到粉底類產品的傷害，或許眞的是如此。隨著科技的演進，底妝品也不斷跟著進化，現在訴求化妝前的保養，除了讓皮膚柔滑潤澤，也讓底妝產品更好推勻，且均勻附著。

但是有許多消費者在保養結束，緊接著上妝時，卻發生一件困擾且憂心的事情，就是「產生屑屑」。尤其是在使用了大量「保濕」保養品之後，脫屑情況最爲明顯。有些消費者以爲是保養品與底妝品、或底妝品與皮膚之間發生恐怖的「化學變化」！

其實不是，而是消費者先前使用的保溼產品含有「大分子膠」。大分子膠成份（例如膠原蛋白、玻尿酸、黏多醣、或海藻萃取物等等）被大量添加於保養品之中，因爲這類成份可以爲肌膚補充大量的水分。

這類可以攜帶大量水分的大分子膠本身都帶「氫鍵」，分子越大、氫鍵越多、吸引力越大、可以攜帶的水分子越多。就像在啃完雞翅、豬腳之後手上沾滿膠原蛋白，等風乾一下，便能搓出許多屑屑。

若在上妝前使用含大分子膠的保養品，相對地，含水量低的底妝粉體會吸走大分子膠所攜帶的水分，因而造成大分子膠被粉體裹住、變乾而脫落。越想要把底妝推勻，屑屑越多，大分子膠的含量越多，脫屑現象越嚴重。

大分子膠成份基本上保濕效果不錯，但建議讀在上妝前不要使用含有大分子膠的保養品，因爲脫屑現象會嚴重影響化妝心情。

那麼，要如何判斷保養品是否含這類大分子膠？

1廠商直接訴求產品含有這類成份（膠原蛋白、玻尿酸、黏多醣、或海藻萃取物等等）。

2直接檢視產品是否「黏稠」。

3檢視全成份表。

4取產品直接在手背上按摩、搓揉，在小分子被吸收、水分或其他溶劑揮發之後，大分子膠會殘留在皮膚上而便能搓出屑屑（附註）。

附註

有些市售的去角質產品，含大分子膠質，創造搓出許多角質屑屑的假象。

底妝品含保養成份有效嗎？

「一兼兩顧，摸蛤仔兼洗褲」。我非常喜愛這句台灣俚語，富有童趣又充滿經濟效益。底妝產品添加保養成份，看起來似乎也有一箭雙雕之功效，對忙碌的現代女性而言，好處簡直多得數不完，尤其是廠商如果同時訴求底妝品具備保濕、美白、緊緻等功能。

這種訴求是否似曾相識？市面上已經多到泛濫的多功能ＢＢ霜，剛好與底妝品含保養成份的訴求類似：ＢＢ霜訴求保養順便上妝。（見表格）

和保養品一樣，當各品牌的差異性越來越小、競爭越來越激烈時，在底妝產品中添加保養性成份不失爲一誘人的賣點。各品牌於是大肆宣揚自家底妝產品含有的獨家保養性成份，且多多益善，含保養成份越多越好，上妝兼保養、補妝等於補保養品。有些廠商的主要訴求甚至集中在保養成份上，有時候眞讓人以爲廠商賣的是保養品而非底妝品。

商品	保養性底妝品	BB霜
成份	含色素的大量粉體 ＋ 少量的保養成份	較大量的保養品 ＋ 含色素的較少量粉體（附註）
商品訴求	1、上妝順便保養 2、補妝等於補保養品	1、保養順便化妝 2、保養上妝一次完成

然而具保養功能的粉底或彩妝品，真的這麼優？如果是這樣，ＢＢ霜肯定也不錯。但是，市場訊息卻告訴我們，狂亂訴求的結果，ＢＢ霜已經被消費者棄之如敝屣。

單純的保養品，皮膚的吸收已屬不易，更何況是跟粉體或高分子聚合物混合後，保養成份陷入黏稠的泥淖中，要進到皮膚底層發揮效果更是難上加難。而乾燥的粉餅或蜜粉會吸油吸水，所添加的、已經少得可憐的保養成份可能都直接被吸附於粉體上，談吸收，根本就是緣木求魚。這種訴求點跟清潔用品添加保養成份其實是一樣的英雄無用武之地。

另一個比較值得注意的問題是，各類底妝品原本就比保養品更容易保存，在添加了保養成份（特別是含胺基酸、蛋白質）之後，得加入較多的防腐劑以防止產品滋生微生物。而防腐劑對皮膚而言絕對不是值得大肆讚揚的好東西。

與其期待底妝品提供保濕、美白、緊緻等作用，不如先做好保養。

消費者不需花費額外的金錢購買無保養功效的保養性底妝品。所謂保養性底妝，只是因行銷目的而製造出來的產品，保養意義根本不值得一提。

所以，有些事情還是非得「摸蛤仔」、「洗褲」兩件事情分開做，否則一味地貪求方便和效率，反而可能弄巧成拙。

附註

有些產品雖稱為ＢＢ霜，但粉體的含量多到幾乎和粉底沒有差別。

底妝、彩妝一家親

關於市售保養品的成份功能，得歸功於廠商長時間的宣傳，我們大都耳熟能詳，但是對於底妝品或彩妝品的主成份——粉體，消費者可以得知的管道不多，大多來自廠商的廣告文宣。市場上一窩瘋跟進現象不僅發生在保養品成份（這兩年流行DNA、肌因、基因），也出現在底妝品，從之前的BB霜，到現在的「礦物底妝」。

只要有一家廠商率先強調自家的底妝品是屬於「礦物粉底」，其他家就會跟著強調自家的產品是屬於「礦物」等級，到現在，「礦物底妝、礦物彩妝」已經到了俯拾即是的地步。讀者請別被迷惑，市售底妝品或彩妝品的粉體絕大部分是「礦物」（三大自然物：動物、植物、礦物），底妝粉體的主要成份，不外乎是，滑石粉、雲母、絹雲母、二氧化鈦、氧化鋅、高嶺土等等全部屬於礦物，這些分屬透明粉體、或中、高度遮瑕的粉體，只是各家的配方比例不同。另有部分品牌添加玉米澱粉、米澱粉、馬鈴薯澱粉、或其他高科技粉體。

女性朋友或多或少都有使用過粉底類產品的經驗，可能是粉底、粉凝霜、遮瑕膏、粉餅、蜜粉，大部分防曬品也有少量粉體（二氧化鈦或氧化鋅）作爲防曬劑或遮瑕劑。那麼這些粉底類產品之間到底有何不同？而眼影、修容餅（腮紅）與粉底類產品之間又有什麼關係？

若不談是否含護膚成份，基本上，市面上琳瑯滿目的粉底、粉凝霜、遮瑕膏、粉餅、蜜粉，這些底妝品之間只有「粉相」與「液相」之間比例不同的差別而已。

以食物舉例說明：

水、脂（液相）	成品	麵粉、太白粉等等（粉相）
多量	少量麵粉或太白粉先加水調勻後，緩緩倒入滾燙的湯水中，可做成「濃湯」或勾芡。	少量
適量	適量的水加適量麵粉可做成麵糊。加入其他食材可作成煎鬆餅、烘焙食品（例如蛋糕）、中式煎餅、蛋卷……等等。	適量
少量	少量的水加多量麵粉可做成麵團。配合或加入其他食材可作成水餃、饅頭、花卷、刀削麵、炸甜麵團……等等。	多量

各底妝品間的些微差異性：

液相（水、油脂、或臘以不同比例混合）	不同比例的「液相」+「粉相」所混合而成的產品（市售產品中，有些添加護膚成份）	可能的商品型態	粉相（透明、或遮瑕力佳的各類粉體的混合）
較多	粉底液（Liquid foundation，Fluid foundation）	瓶裝	較少
適量	粉膏（Cream foundation）	瓶裝或盒裝	適量
較少	粉霜（Compact Cream foundation）、遮瑕膏（Conceal，隱蔽）、粉條（Stick）	扁平盒裝、條狀、口紅狀	較多
非常少	粉餅（Compact，Compact powder,pressed powder，壓縮的粉）；兩用粉餅（2 ways ,wet / dry）	扁平盒裝	絕大部分
無或極少	蜜粉（Loose powder ── 散粉，finish powder ── 定妝粉）	盒裝	（幾乎）全部

說明

1粉底類的「液相」，可以是水、多元醇、油脂、臘及其他，目的是使粉體具有延展性，同時幫助粉體展現妝效。

2粉底類的「粉相」，依照產品想展現的妝效可以是含（半）透明粉體、中度遮瑕粉體、高度遮瑕粉體、高科技粉體或者其他高分子粉體。

3粉相與液相的混合物在加入不同比例的少量色素之後，成了提供不同膚色選擇的底妝品。

4粉相與液相的混合物在加入較大量的色素（紅、黃、綠、藍……）之後，就成了眼影或修容餅（腮紅）。眼影、修容餅只是色素含量較高的粉底類產品。回想看看，在市場上不也同時可以發現液態、粉霜狀、粉狀的眼影與修容餅。

品牌忠誠度

很多人可能聽過類似的「故事」：剛破殼而出的小鵝，若第一眼看到的是母雞，這群小鵝便追隨牠，將牠當成鵝媽媽。

這不是故事，其實這是經典的動物行爲研究紀實。奧地利動物學家勞倫茲（Konrad Lorenz，1903～1989），也是1973年諾貝爾生理醫學獎得主，更是動物行爲研究的先驅。他在動物行爲的研究中最有名的莫過於雁鵝的印痕作用（imprinting）：一種特殊的學習方式，只須一次經驗（或最多數次），即可對動物行爲發生長遠的影響。

印痕作用（imprinting）可能也是構成品牌忠誠度的原因之一。

現代人的消費行爲中，或多或少都有品牌忠誠度的影子，或許是偏愛，或許是習慣。例如，有人覺得電視要買日本某品牌、電鍋一定要買國產的大同電鍋、汽車就數德國的最優……或者喜愛特定品牌風格的衣服、包包或配件，例子多如恆河沙數。

不提品牌忠誠度各類研究的長篇大論，只談與消費者荷包有關的資訊。各品牌無不費盡心思要拉攏顧客成爲該品牌的忠實愛用者，其中一個最重要的價值在於可以降低品牌的行銷成本，成爲公司利潤的來源。既然可以降低行銷成本，廠商也口口聲聲說要「回饋」消費者，卻是以逐年調漲價格的方式回饋！所以對待廠商，消費者需要以「忠誠」回報嗎？

當消費者一旦具有「品牌忠誠度」的習性或傾向，大概就會認爲它是最好最完美的品牌、信服這個品牌的廣告、免費替品牌宣傳、廠商推展什麼就跟進、完全看不見它牌的優點、不會在乎這個品牌的價格正在逐年調漲。我們成了廠商眼中的肥羊。

我個人並非反對品牌忠誠度，而是希望消費者在支持品牌的同時，更要關心自己的權益，廠商更應該從善如流好好地對待這群嬌客，別只想著要如何從消費者的身上巧取豪奪信任與金錢。

另外，從本書一開始就苦口婆心地建議，依肌膚的喜好、感受選擇最適合的化妝品。然而，現今各化妝品公司的系列產品不斷地更新，每年產品汰換率甚至高達20％。假設，今天好不容易找到某一款產品，使用上各方面的感覺都不錯，可能明年就停產了，所有的「嘗試錯誤」過程同樣必須重新來過。因此，保養與化妝，品牌忠誠度沒什麼太大的意義。

建立「自己就是最好的品牌」這個品牌忠誠度，讀者將會發現市場上有許許多多的「漏網之魚」，原來可以有這麼多的選擇。

Chapter 5

透視醫學美容

在達利（Salvador Dalí，1904～1989，西班牙超現實主義畫家）的許多作品中都曾出現「有抽屜的女體」：神祕的抽屜裡到底潛藏著些什麼？讀者是否也同達利一樣，有此好奇心想打開封閉的抽屜，一窺究竟？

恐懼來自於未知。人類的內心大都是具有冒險犯難精神的靈魂，對於未知的領域或許有著期待感、恐懼感或敬畏感，而這些都是探索、體驗新事物必要的元素；告訴我們哪裡有新世界等待發現。

高科技的應用帶來期待，也帶來恐懼，尤其是應用於人體的醫療儀器或未曾聽聞的化學物質。不可預知性讓許多人內心充滿許多揮之不去的「萬一」：也許它尚未發生、不保證不會發生……。這種莫名的害怕則是源自對未知的恐懼。

依化妝品法規範，化妝品只能用來修飾或維護皮膚外觀，無法改變生理結構與功能。但是醫學美容（medical cosmetology）的蓬勃發展，大大改變了大家對「美容」的概念。對於醫學美容，網路的發展讓資訊的傳播更迅速，隨意搜尋，資訊雜多，尤其是負面訊息更是日傳千里。大多數民眾對能夠立即改善膚況或身型的醫學美容既期待又怕受傷害，也為醫學美容增添些許神祕色彩。

本章節想要提供給讀者的訊息是，將醫學美容各項物理性療程（特別是儀器類）、化學性療程、微整形療程的理論基礎口語化，並將各類皮膚病灶可以選擇的治療方式表格化，讓讀者預先獲得這些醫學美容療程的作用機制、療程前後可能出現的狀況等資訊，提前做好心理準備，在自己身心都能承受範圍內選擇適當的療程。這份參考資料或許可以扭轉讀者對醫學美容可能帶來的恐懼感，以作為醫學美容前心靈不可或缺的一帖良藥。

皮膚症狀與醫學美容的解決方式

醫學美容（醫美）主要是利用手術、物理、化學等醫療方式改善或改變容貌、形體，達到美容的目的。大致上，醫美可分爲三大類：手術美容、物理（光療）美容和化學（藥物）美容。

手術美容：侵入性，透過外科整形手術或微整形進行人體美容。

物理美容：非侵入性，以照射各式雷射、脈衝光等物理儀器達到美膚的效果。

化學美容：非侵入性，利用塗抹藥物、化學、保養品等化學物質達到美容的效果。

請**將本章當成「工具書」參考**，需要閱讀此章節時，先大致翻閱後，從下列三項表格中檢視自己皮膚症狀、何種需求，再逐一閱讀：

→巨架構區分爲三大類：黑斑類別、青春痘類別、老化類別。

→在「治療方式」的選項中瀏覽自己可能需要的治療項目，並評估其中的治療過程、恢復期、術後效果持續等資料。

→往下一章節挑選想確實了解的治療方式（物理、化學、微整形）的理論基礎。

毋需擔心，理論基礎不過爾爾。

	恢復期症狀	術後保養	術後效果持續
	皮膚轉暗沉，皮膚大量脫屑（如雪花紛飛）。	加強保濕、防曬。	3～5次可以看到明顯的改善效果。
	少數人於治療後會有些許微紅、微灼熱感。	加強保濕及防曬。	3～4週可進行一次。「醫美版的做臉保養」
	色素斑短時間變得較深及輕微脫屑。	加強保濕、防曬。	3～4週可進行一次，約需連續5～6次。
	需等待傷口復原、痂皮脫落。恢復期約1週。	傷口避免碰水。	淺層黑斑只要1～2次即可消除。太田母斑、顴骨斑、刺青則需3～6次不等的療程。每次治療間隔6～8周。
	3～5天輕微結痂、脫皮現象。	可以正常洗臉、化妝。加強保濕及防曬。	通常以5～6次為一療程可獲最佳療效。視皮膚狀況半年後可以再重複療程。
	3～5天輕微結痂、脫皮現象。	可以正常洗臉、化妝。加強保濕及防曬。	療程建議每月1次。若肌膚問題嚴重，建議每週1次。連續進行5次以上，可達到最佳效果。

表格一　黑斑，黑色素沉澱：

肝斑、雀斑、曬斑、老人斑、發炎後色素沉澱；真皮層黑色素細胞增生：顴骨母斑、太田母斑

形成原因	治療方式（選）		治療過程
黑斑主要是因皮膚黑色素代謝不良，沉積在皮膚內所造成，一旦產生則不易消失。主因為遺傳體質、種族差異、內分泌因素、陽光的影響等等。	物理	飛梭雷射	需塗抹麻藥。紅、痛、緊繃感。
		淨膚雷射（柔膚雷射）	需塗抹麻藥。輕微疼痛感。
		脈衝光（新：晶鑽光）	強烈光束打在臉上般的灼熱感。有汗毛燒焦味。
	物理	除斑雷射	需塗抹麻藥。像被橡皮筋彈到臉上，疼痛感明顯。局部紅腫、可能微量出血。
	化學	果酸換膚（甘醇酸、檸檬酸、焦葡萄酸換膚）	搔癢、刺痛或灼熱感。
		杏仁酸換膚	幾乎沒有刺激性。

備註

- 顴骨母斑組織病理類似太田母斑，屬眞皮性黑色素細胞增生所引起，一般治療色素沉澱的方式或塗抹去斑藥物是無效的，唯有以除斑雷射去除黑色素細胞才有效果。除斑雷射必需分批除去深層的色素細胞，通常需要3～6次以上的治療才能完全去除。以除斑雷射治療顴骨母斑或太田母斑時，**少數病人雖然會發生術後暫時性返黑、色素沉澱現象，但是除斑雷射卻是唯一可以根治此類黑斑的方式**。返黑現象是因爲尙存的黑色素細胞（需分批去除）因雷射的「熱效應」而產生更多的黑色素所引起的。返黑現象通常需要兩個月以上才會完全消失。也可以用此方式去除刺青，同樣需要多次的治療。
- 肝斑，屬於深層黑斑，以能夠穿透皮膚深層的飛梭雷射治療效果最佳；飛針搭配ＰＲＰ爲較新的治療方式。
- 雀斑雖屬淺層斑，但因「遺傳」的特性（長雀斑因子存於基因中），容易治療但陽光易助長復發，需特別注意防曬。
- 不論是物理性治療、化學性治療，皆須視肌膚病灶狀況安排4～8次左右爲一療程，次數視治療何種黑斑而定。治療黑斑的持續性效果視個人體質以及後續的防曬、保養而定，意思是，有些人天生就是容易「長斑」。
- 物理或化學療程的治療方式可單獨選擇或者相互搭配，請仔細評估並與醫師溝通膚況與所需的療程與次數。

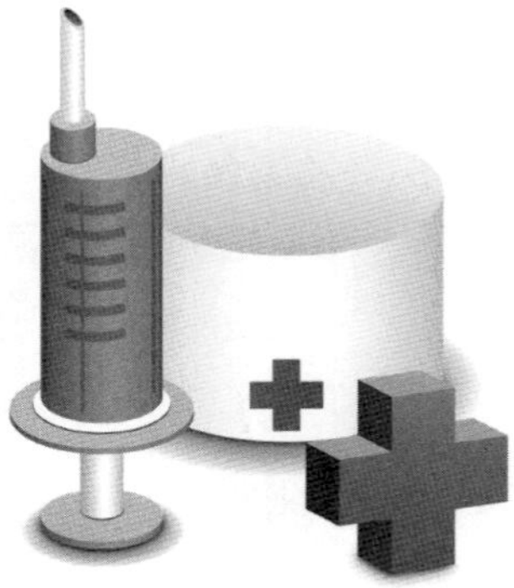

	恢復期症狀	術後保養	術後效果持續
	皮膚轉暗沉，大量脫屑。	加強保溼、防曬。	3～5次可以看到明顯的改善效果。
	少數人於治療後會有些許微紅、微灼熱感。	加強保濕、防曬。	3～4週可進行一次。「醫美版的做臉保養」
	可能輕微脫屑。	加強保濕、防曬。	3～4週可進行一次，約需連續5～6次。
	治療後皮膚泛紅、輕微結痂。	加強保濕、防曬。	2～4週一次，約5～6次治療後，可以維持1～2年。
	輕微泛紅，約1～2小時後即消失。	加強保濕、防曬。	6～8次治療會有很明顯的改善（治療間隔約10～14天）。可以每3～6個月再做一次作為持續性保養。
	3～5天輕微結痂、脫皮現象。	可以正常洗臉、化妝。加強保濕及防曬。	通常以5～6次為一療程可獲最佳療效。視皮膚狀況半年後可以再重複療程。
	3～5天輕微結痂、脫皮現象。	可以正常洗臉、化妝。加強保濕及防曬。	療程建議每月1次。若肌膚問題，建議每週1次。連續進行5次以上，以達到最佳效果。
	傷口幾乎看不見。可能會出現輕微的瘀青。	正常的居家保養程序。	效果持續因人而異且視打針的種類而定，一般可維持6～12個月。

凹洞或疤痕，非常建議以飛梭雷射治療。但是飛梭雷射不適用於發炎中的痘痘皮膚。

- 化學性換膚產品大都有不同的濃度，不是每一個人都適合高濃度，也不是濃度越高效果越好。建議由專業醫師診斷後，再依據膚質給予安全及適合肌膚的濃度建議。

表格二　青春痘疤痕、凹洞、毛孔粗大、肌膚出油

形成原因	治療方式（選）		治療過程	
遺傳（內分泌影響、皮脂腺分泌過剩）、毛孔堵塞、毛囊內細菌生長、情緒因素、飲食生活習慣、紫外線照射等等。臨床的表現可以是丘疹、膿皰、結節、囊腫，因個人體質會留下嚴重疤痕或凹洞。	物理	飛梭雷射	需塗抹麻藥。紅、痛、緊繃感。	
		淨膚雷射（柔膚雷射）	需塗抹麻藥。輕微疼痛感。	
		脈衝光（新：晶鑽光）	強烈光束打在臉上般的灼熱感。有汗毛燒焦味。	
		油切雷射	需塗抹麻藥。熱燙、輕微發紅。	
		微晶磨皮（鑽石微雕）	輕微的癢感。	
	化學	果酸換膚（甘醇酸、檸檬酸、焦葡萄酸換膚）	搔癢、刺痛或灼熱感。	
		杏仁酸換膚	幾乎沒有刺激性。	
	微整形	注射玻尿酸、膠原蛋白、微晶瓷	填平凹洞。需塗抹麻藥。打針的疼痛。	

備註

- 不同個體的油性問題肌膚所衍生的狀況不盡相同，皮膚出油可能伴隨青春痘、毛孔阻塞、粉刺、發炎、凹洞或疤痕，物理、化學治療方式可以互相搭配以達到最佳效果。搭配療程設計因人而異，可與醫師討論相關治療內容及合適的療程。
- 油性肌膚伴隨的毛孔粗大、單純粉刺，或者油性痘痘肌膚癒後的

	恢復期症狀	術後保養	術後效果持續
	些許紅腫，約2～3天內即可退去。	加強保濕及防曬。	大都只需做一次，可以維持2年半 ～3年左右。
	可能會有微紅腫現象，但20～30分鐘之內逐漸退去。	加強保濕與防曬。	療程約需4～5次。可以維持1年半～2年左右。
	治療部位可能微紅，約30～60分鐘可退去。	加強保濕與防曬。	療程約需4～5次。可以維持1年半～2年左右。
	可能有輕微脫屑。	加強保濕、防曬。	3～4週可進行一次，約需連續5～6次。可以維持1年左右。
	3～5天輕微結痂、脫皮現象。	可以正常洗臉、化妝。加強保濕及防曬。	通常需要5～6次治療才會有最佳療效。視皮膚狀況半年後可以再重複療程。
	傷口幾乎看不見。可能會出現輕微的瘀青。	正常的居家保養程序。	效果持續因人而異且視打針的種類而定，一般可維持6～12個月。
	傷口幾乎看不見。可能會出現輕微的瘀青。	正常的居家保養程序。	效果可維持約4～8個月。注射後約1週後效果顯著。

表格三　老化徵兆

皺紋、鬆弛、魚尾紋、抬頭紋、法令紋、頸紋

形成原因	治療方式（選）		治療過程
沒有別的原因，不是早衰，就是老了。 皮膚生理症狀：真皮層彈力纖維變性、彈力蛋白質排列紊亂、膠原蛋白減少，皮膚日漸不平坦，張力及彈性喪失，於是明顯可見皺紋、鬆弛等老化現象。	物理	電波拉皮	需塗抹麻藥。刺熱射進皮膚，過程疼痛。
		光波拉皮	需塗抹麻藥。一股熱能傳入皮膚深層，過程微痛。
		微（磁）波拉皮	需塗抹麻藥。低疼痛感。
		脈衝光（新：晶鑽光）	強烈光束打在臉上般的灼熱感。有汗毛燒焦味。
	化學	果酸換膚（甘醇酸）	搔癢、刺痛或灼熱感。
	微整形	注射玻尿酸、膠原蛋白或微晶瓷	需塗抹麻藥。打針的疼痛。
		注射肉毒桿菌素	打針的疼痛。

備註

- 做完電波拉皮，大部分的人會有立即緊實的感覺，這是因爲眞皮層內的蛋白質（膠原蛋白、彈力蛋白等）因受熱收縮而產生的緊實效果，但拉皮效果會在第一個月後才逐漸顯現，2～6個月後才會較明顯，原因是膠原蛋白的再生與重組需要時間。大多數的人治療一次就有效果。
- 微（磁）波拉皮、光波拉皮的治療較淺，不似電波拉皮般深入皮膚底層（電波拉皮甚至達脂肪層），因此需要較多次治療才能達到一次電波拉皮的拉皮效果，唯一的優勢是，不會像傳統電波拉皮那般的疼痛與紅腫，且因合併二極體雷射或遠紅外線，可兼具改善淺層斑的皮膚問題。
- 若需要與飛梭雷射、脈衝光等其他雷射、果酸換膚、磨皮、肉毒桿菌素、玻尿酸注射等合併使用，請與醫師詳細溝通時間序與種類。

「物理」療程的理論基礎

讀者耳熟能詳的各式雷射、脈衝光、電（磁）波、微波、光波……等等的醫學美容儀器的應用，其實大都是屬於我們高中物理曾經學習過的「電磁波譜」（Electro-magnetic Spectrum）的範疇（下圖），電磁波譜包含了我們日常生活中經常聽見或使用到的無線電波（Radio Waves）、微波與雷達（Micro-waves ,e.g. Radar）、紅外線（Infrared）、可見光譜（Visible Light Spectrum）。光與雷射最大的不同是，光涵蓋所有的波長或一段波長（例如，可見光780 nm～390 nm），雷射只有單一波長（例如紅寶石雷射694 nm），在輸出相同能量下，燈泡的光線只會讓人感到明亮、灼熱，但雷射光束則具有一定的破壞性。

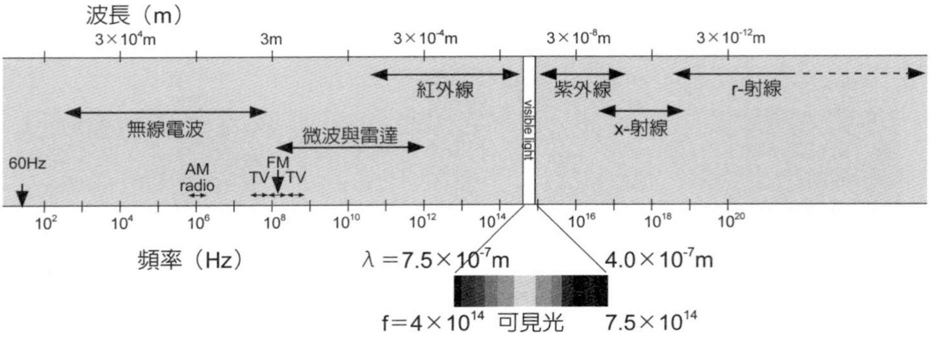

「電磁波譜」（Electro-magnetic Spectrum）

各式雷射的治療原理：「選擇性光熱分解」（selective photothermolysis）

市面上琳瑯滿目的飛梭雷射、淨膚雷射、粉餅雷射、除斑雷射等名稱，是不是把想做醫學美容的你搞得一頭霧水？其實，經常聽到的這些雷射名稱，大都是以功能區分的「商品名」，是爲了讓消費者一聽到名稱，就能大致理解做完雷射治療之後，皮膚可以呈現何種狀態。事實上，雷射的治療原理只有一種，而且非常簡單，就是「選擇性光熱分解」。

所謂「選擇性光熱分解」（selective photothermolysis），意思是利用雷射波長會被特定物質（例如水分子、黑色素……）吸收的專一性。雷射光（photo）能量被特定物質吸收後轉變成熱能（thermo），將想要去除的標的物選擇性地（selective）分解（lysis）。

選擇適當的雷射可以破壞微血管（機制：

可見光譜

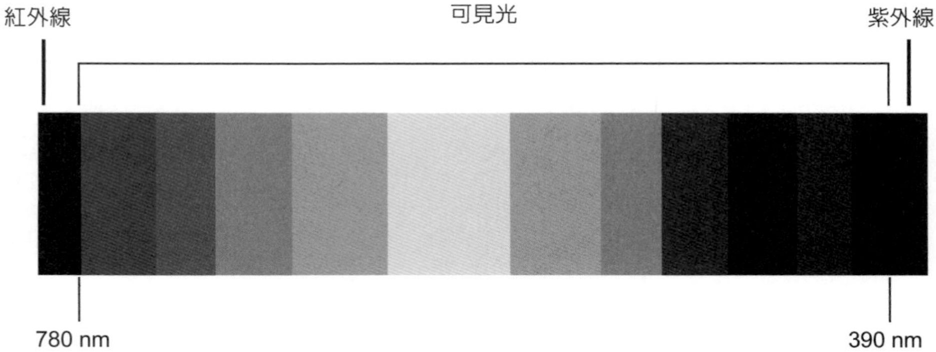

可見光譜（紅橙黃綠藍靛紫Visible Light Spectrum）

紅血球因血紅素吸收雷射光而破壞、凝固，因而阻斷該處微血管血流而導致微血管壞死）、皮脂腺或黑色素，達到不同目的的治療，同時避免其他組織受到傷害。例如，除斑雷射的能量被黑色素吸收，只會將黑斑（聚合物）或刺青色塊擊碎，而不會傷及其他週邊的組織。

	雷射波長	作用原理
	單一波長：10600 nm 單一波長：2940 nm	雷射光能量被組織吸收轉化為熱能，熱能將組織內水分子加熱、汽化，達到「破壞、移除」的功能。可以用於切割、除淺層斑、除疣、磨皮等等。
	單一波長：1550 nm 或10600 nm 或2940 nm	被分散的雷射光點穿過皮膚，能量被存在於皮膚中的水吸收，水分蒸發了，留下乾枯的皮膚。所以光點等於破壞了穿過的皮膚組織，在皮膚造成許多柱狀的微細傷口（傷口與傷口之間為正常組織），傷口小，修復快，藉由磨皮的深度改善皺紋、痘疤、凹洞、皮膚粗厚及斑點等問題。
	單一波長：694 nm 單一波長：532 nm 或1064 nm 單一波長：755 nm	雷射光能量被黑色物質吸收後形成熱震波，瞬間將黑色素塊（黑色素屬於聚合物）爆破、震碎成更小的色素顆粒，再透過人體本身的吞噬細胞（macrophage，清道夫，）排除，對於外觀為藍黑色的各種母斑（太田母斑、顴骨母斑）或是日光性小痣、雀斑、黑色刺青等，都具有非常優異的治療效果。
	單一波長：755 nm	生長期毛髮的黑色素吸收雷射並傳導熱能，深入皮膚真皮層後被毛囊的黑色素細胞吸收，在不傷害周圍正常組織的情況之下破壞毛囊，達到除毛的功效。
	單一波長：595 nm	微血管中的血紅素吸收雷射光的能量選擇性破壞，在不傷害週圍正常組織的情況下達到去除血管病變的功能，對於發炎中的痘痘、紅色痘疤、酒糟鼻、玫瑰斑、微絲血管擴張等，藉此治療方式可達均勻膚色的效果。
	單一波長：1450 nm	二極體雷射，穿透真皮層，產生熱能破壞皮脂腺，造成皮脂腺萎縮，減少皮膚出油以及其他伴隨症狀。
	一段波長：500 nm ～ 1200 nm	脈衝光等於是所有雷射的綜合體，涵蓋常用的雷射波長，有較全面性的功能。

理論基礎	雷射名稱	
以【水分子】為吸收雷射能量的介質：雷射磨皮（換膚）	二氧化碳雷射（CO_2 laser）又稱雷射磨皮（換膚）	
	鉺雅鉻雷射（Erbuim -YAG laser）	
	改良的雷射磨皮（換膚）：飛梭雷射（Fractional laser） **詳見說明以及附圖**	
以【黑色素】為吸收雷射能量的介質──除斑雷射	紅寶石雷射（Q-switch Ruby laser）	
	Q開關釹雅鉻雷射 （Q-switch Nd:YAG laser）	
	Q開關亞歷山大雷射 （Q-switch Alexandrite laser）	
	雷射除毛 （亞歷山大雷射，又稱紫翠玉雷射）	
以【其他色素】為吸收雷射能量的介質	染料雷射（Dye laser）	
其他	油切雷射（Smoothbean Laser）	
	強力脈衝光（IPL, Intense Pulsed Light）	

說明

- 傳統二氧化碳雷射磨皮（CO_2 Laser resurfacing）因爲治療效果非常明顯，十多年前在歐美曾風靡一時，引進國內同樣引起風潮。但是東方人（黑色素細胞活力旺盛）在以二氧化碳雷射磨皮治療後常因受傷面積大、不易照顧、恢復期（發炎期）太長而出現反黑現象，且反黑持續時間很長，所以雷射磨皮風潮很快退去。
- 哈佛大學 Dr. Manstein 等人提出「分段光熱分解 fractional photothermolysis」理論，將過去「片狀式磨皮」改成「點狀式磨皮」：分散破壞的總面積，同時藉由周圍健康組織的協助迅速修復微創傷口，降低反黑的副作用。

傳統飛梭儀器（Fraxel，1,550 nm鉺——光纖雷射）就是由此理論發展而來：許多小光束在一定距離內打出許多小洞（見下圖），達到只破壞總面積20％～30％的組織（fractional，所以需3～

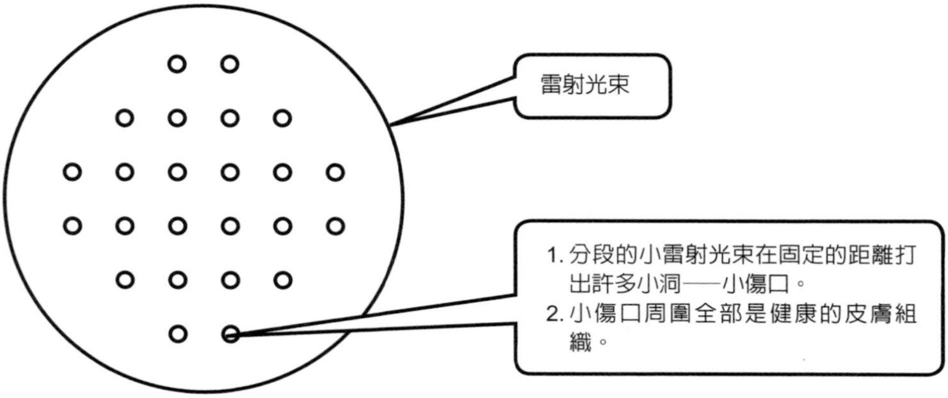
雷射光束
1. 分段的小雷射光束在固定的距離打出許多小洞——小傷口。
2. 小傷口周圍全部是健康的皮膚組織。

5次爲一完整療程），單一微小傷口周圍則全是健康的組織。沒有受傷的組織可以立即協助修補微創的傷口，約1～2天內小傷口即可癒合，可以有效治療表皮的病灶，又不會出現傳統雷射磨皮會發生的反黑現象。

- 往後許多其他廠商也根據分段光熱分解理論研發出類似的儀器，即晶鑽飛梭、二代飛梭、微創飛梭、3D變頻飛梭等，或是製造出有篩孔的雷射探頭，將原本傳統雷射變成有分段治療能力的「類飛梭儀器」，如奈米飛梭、迷你飛梭等儀器。
- 以水分子爲能量吸收介質的各式飛梭雷射，雷射光在穿過表面角質層時即被角質細胞的水分子吸收——角質的水分子因將雷射光能轉成熱能而汽化，而這些被脫除水分的乾枯角質在皮膚小傷口逐漸修復的過程中，便形成微細屑屑脫落。穿透表皮未被吸收的能量便一路往下，能量越強，越深入裡層，可以除去的表皮層數也越多。
- 除斑雷射治療黑斑之所以會疼痛、並伴隨紅腫現象，是因黑色素吸收雷射後將光能轉化成熱能，溫度瞬間昇高將黑色素塊（黑色素是大型聚合物）爆破、震碎成更小色塊：

A深層小色塊可透過人體本身的呑噬細胞（macrophage，清道夫）清除。

B與黑色素交融在一起的正常組織連帶遭受影響（包含表皮）而引起紅、腫、熱、痛，並造成術後脫皮同時脫除表淺黑斑。以冰敷法可以在短時間之內消除紅腫熱痛等不適現象，一星期左右脫皮，脫皮後的皮膚呈現嫩粉紅色。

- 在調整除斑雷射（1064 nm）的強度與其他參數後，可用做淨膚雷射（白瓷娃娃），達到淨化嫩白的效果。另外，塗上碳粉搭配雷射，即爲一般所稱的柔膚雷射（黑臉娃娃），除臉部細毛與收縮毛孔。

- 各大醫學美容中心或診所所使用的各式雷射機型、名稱或許不同，但是以雷射治療的理論基礎大致相同。
- 雷射光（單一波長）與脈衝光（一區間波長）之間的差別是，單一波長的各式雷射，每次輸出的能量全集中在一個波長，目標明確、且作用激烈，效果佳，單一波長的雷射就像是每一個專精於特定領域的專家；屬於複合式雷射的脈衝光，由於輸出能量須分散給不同波長，目標廣泛，但作用溫和，屬於泛領域的全才，但「樣樣通、樣樣鬆」。

爲了方便記憶，讀者只需要記住：

各式雷射可用來做「階段性治療」特定症狀（例如除斑雷射除黑斑或刺青），而脈衝光則可用來作爲「有效性的定期保養」，光澤、均勻、細緻等美膚效果會在打完脈衝光的一星期左右顯現。

電磁波（電波、微【磁】波、光波）拉皮的理論基礎

塵世間，沒有事物能經得起時間的摧殘，尤其女人最怕歲月流逝。歲月讓流金失色、紅顏老去，或許窈窕的輪廓猶存，卻是美人遲暮了，這種垂暮淒涼的感覺每每讓人想起曲終人散後

的落寞，很多人早已不堪細想。

美人遲暮，即是所謂的老化（aging，-ing 進行式）。生物學上的定義，是指人體結構或功能隨年齡的增長，產生漸進式的衰退，是一種正常但不可逆的持續性過程，直到死亡。

沒人知道人類的老化過程是從何時才眞正開始，大部分的生物都是從它們開始具有生殖複製能力之後的某一個時間點才開始老化，老化程式一旦啓動，即使有外力介入，它還是會如同大江東去，一去不復返。雖然老化的速度可以藉由後天努力而減緩，但是各種老化的痕跡還是會不經意地進駐臉龐、身上。這些肉眼可見的痕跡如鬆弛的皮膚、深刻的紋路、走樣的身材、灰白的髮絲。

在所有醫學美容中心或診所使用的儀器中，電波拉皮、微波拉皮、光波拉皮（都屬於電磁波，但進入皮膚的深度不同，效果各異）等儀器，是比較精準地用於治療鬆弛、老化的肌膚，或可以用來取代傳統拉皮手術的無創傷美容術：非手術、無傷痕、無副作用、無需恢復期的美容治療方法。

其理論基礎在於，電磁波、微波、光波等能量進入體內被吸收後轉化成熱能產生，

1立即性的緊緻效果：在皮膚深層產生瞬間高溫（55～60℃）導致眞皮層的膠原蛋白變性、收縮（屬不可逆反應，想像：煎蛋，透明蛋白遇熱變成白色——變性反應，不可能回復透明狀），產生立即性的緊緻作用，且緊緻感覺會一直持續著。

2長效性的拉提效果：需要時間再生全新的膠原蛋白，以便修補因受熱萎縮的膠原蛋白（如同皮膚外傷，組織會進行修補——疤痕；膠原蛋白變性、收縮是「內傷」同樣需要進行修補——內部的疤痕組織。不論內外疤痕的修補都需要時間），因此2～6個月後才會出現最佳的後續、持續性的提拉作用。

3拉提的效果視個人體質、儀器、施打的部位以及個人的保養方式不同，大約可以維持1～3年。

傳統電波拉皮的優勢

傳統電波拉皮的單極導電片直接導入，深入達眞皮層的底層，通常一次就有很好的效果。

傳統電波拉皮的缺點

- 單極導電片的傳統電波拉皮最爲人所詬病的是火辣辣、燒燙燙的疼痛感，且操作時間長、紅腫疼痛需要數天才能消退。
- 由於導入的電波可以直達眞皮層深處、甚至達脂肪層，可能導致脂肪層遭受破壞、萎縮而導致「臉頰凹陷」。

改良自傳統電波拉皮的「各式××波拉皮」

- 由於疼痛，傳統電波拉皮可能合併全身麻醉（麻藥退去後仍會疼痛），改良式的電波拉皮又稱無痛電波拉皮。
- 將傳統的單極電片改爲雙極或者三極，疼痛感得以降低，但是作用較淺層，需多次治療。
- 號稱爲無痛電波拉皮，骨子裡其實是磁波拉皮或光波拉皮，需治療3～6次。
- 要分辨是否爲傳統的電波拉皮，端視其是否需要安排3～6次爲一療程。
- 視個人需求，是要選擇減少疼痛或是減少往返多次的麻煩。

電磁波（電波、微波、磁波）拉皮、傳統開刀拉皮手術比較

- 不像傳統開刀拉皮手術，電磁波拉皮不需動刀、不必全身麻醉、不會留下疤痕……，僅需局部塗抹麻藥，治療過程時間短，術後也不如開刀手術需2～3星期的恢復期，做一次（療程）可以維持一年以上甚至三到五年的效果。
- 電磁波拉皮治療後皮膚表面不會產生傷口，通常會有些微紅腫，約幾天內可褪去（視哪一種電磁波拉皮而定），患者只需冰敷即可。
- 電磁波治療時間短、恢復期也短，而且都具備立即性與長期性的效果，幾乎沒有副作用，治療後也不必特殊的護理，只需加強保濕與防曬即可，原本使用的化妝保養品都可以繼續使用。

電磁波（電波、微波、磁波）拉皮可以治療的項目廣泛

可應用於臉部、頸部、腹部、臀部、胸部、手臂等處的皺紋與鬆弛皮膚，因此可以用來臉部除皺（法令紋、魚尾紋、皺眉紋、抬頭紋）、臉部塑型、緊緻腹部、拉提臀部與胸部線條、去除蝴蝶袖等等。

電磁波（電波、微波、磁波）拉皮療程前、後應注意事項：

- 治療前一週不可執行雷射治療及進行換膚。
- 罹患皮膚炎或蟹足腫體質之患者暫不執行治療。
- 請準備至少兩小時的時間安排治療。
- 若近一個月注射玻尿酸、肉毒桿菌、人工眞皮或膠原蛋白植入者應告知醫師。
- 免疫系統功能異常者請事先告知醫師。
- 患有心臟疾病、配置心臟節律器及孕婦不建議執行此項治療。

題外話

在醫學美容中心、診所林立的今天，根據明察暗訪發現，並非所有都是「眞正的」醫學美容相關機構，有很多都由傳統的美容坊「轉型」而來。

以前，醫學和美容是兩個涇渭分明的領域，醫學是醫學，美容是美容，彼此井水不犯河

水，而如今界線已經模糊。

在前面章節曾經提過，美容產業深深依賴醫學理論基礎。當醫學美容中心大舉入侵市場，在執行醫療行爲的同時，也推出所謂的「術後護理」課程，鯨吞、蠶食原本屬於美容坊領域的「美容護理」，而美容護理原本就是美容坊賴以維生最重要的元素之一。在醫學美容的顯著效果廣受讚賞之餘，以前被讚頌「專業」的美容坊也因市場被大量瓜分而式微，隨著美容產業結構的改變，美容坊不是被迫收攤，就是轉型。

於是市場上出現兩種新型態的「類醫學美容中心」的美容坊：

- **店名依舊是美容坊，但購入醫學美容中心使用的專業儀器，由美容師操作，同時標榜使用醫療級的雷射或脈衝光等儀器服務顧客，避免被市場淘汰。**
- **與醫師合作，不僅店外掛上「診所」的招牌，店內亦掛有「醫師執照」。可是從最初的諮詢、儀器操作、到最後的產品導入、保養，全由美容師執行，醫師從未現身。**

若是看了本書才驚覺自己是在這些「類醫學美容中心」美容坊做醫學美容的讀者請別驚慌，平心而論，在儀器的操作上，美容師的技術和醫師相較，不一定處於劣勢，因爲使用儀器一直是美容師的強項之一，但是有一個重點，一般美容坊所使用的儀器理論與操作，大都很簡易，在能量輸出的強度上也不比專業的醫療儀器。美容坊一旦使用醫療儀器服務顧客，若因操作不當而導致皮膚受傷（醫療儀器應用於皮膚的學理不專精），美容師並無法為你解決後續的「醫療問題」。

另外，不論醫學美容哪種儀器正熱門，美容坊必定跟進推出同名的課程，儀器原理類似，但無論在輸出功率或精準度上皆無法與醫療級的儀器相提並論。因此，有些美容坊雖推出「低價脈衝光」吸引消費者前往，但是一個療程下來依舊沒有看見明顯的效果。

我認為至少有一個原因是，美容坊使用的儀器輸出能量較低（例如脈衝光，美容儀器每一發的能量約2焦耳，醫療級每一發能量約30焦耳），低價脈衝光才沒能達到預期效果。所以，在選擇醫學美容中心時，請讀者要根據自己所需及前述所提的「判斷」方式，加以慎選。

化學性療程的理論基礎

在日常生活裡提起「化學物質」，經常會引起一陣騷動，當民眾提到與「化學」有關的時候，內容常常是：化學污染、塑化劑、塑膠碗、塑膠袋、化學添加物等等負面的詞彙。

客觀看化學，絕大部分是正面的。從整個地球到我們日常生活，甚至我們的身體，化學無所不在，例如人體所有的生理結構與運作、食物本身、食物的消化代謝、衣物、房屋、車子、燃料、藥物、污漬的分解、清潔用品、植物的光合作用等等，只要想得到、看得到的，都和化學有關。當然，化學也包含了女人最熟悉的化妝保養品。沒有錯，化妝保養品就是化學成份的混合物（保養品成份欄所列的是正式的化學名稱）。

這個微觀的世界，交織成我們所知的所有生命現象，沒有了「化學」，地球將會是一片死寂，所有的生命都不復存在。和生命一樣，化學並存著光明面與黑暗面，端看我們如何使用。

化學換膚

「化學換膚」課程的理論基礎與雷射磨皮的原理相似，主要在「破壞」與「刺激」，先破壞、再建設。利用酸性化學藥劑塗抹在皮膚上，破壞「品質不良」的上層皮膚，造成表皮層溶解剝離，除去老舊角質、表皮黑色素，同時刺激基底層的增生與再造健康的皮膚。除此之外，還可刺激眞皮層的膠原蛋白與彈性纖維再生，預防皺紋的產生。

因此酸類化學換膚的應用廣泛，可協助治療青春痘、預防粉刺生成、縮小毛孔、加速新痘消失、淡化表皮淺斑、改善肌膚暗沉與粗糙，令肌膚緊實有彈性。

一般在醫學美容中心所使用的酸不外乎是果酸、或者改良自傳統果酸的衍生物。塗抹高濃度、低PH值的果酸或果酸衍生物於皮膚上，酸能使表皮角質細胞的角蛋白（keratin）發生凝結反應（變性反應，de-nature），造成角質細胞「死得徹底」而脫落(附註)。

讀者可以把這種角蛋白的變性反應與食用的鹹豆漿聯想在一起。鹹豆漿的製作方法也是因蛋白質的變性反應而來：在熱豆漿裡加入食用醋，醋酸使豆漿的蛋白質變性、沉澱、凝集成我們所食用的鹹豆漿。

不同酸的分子量大小和酸鹼值各不同，大部分的酸屬於水溶性，部分酸的衍生物是脂溶性，因此對於皮膚的穿透力不同、造成的刺激性也不盡相同。

果酸	分子量	水、脂	適用膚況	使用狀況
甘醇酸	76 Dalton	親水性	適合中油性、青春痘、老化等耐受力較高的肌膚。	甘醇酸分子量最小，穿透力較強，刺激感較明顯。敏感性肌膚不建議使用。
檸檬酸	192 Dalton	親水性	微刺	分子量較大，作用溫和，特別適合敏感肌膚。
焦葡萄酸	88 Dalton	親水、同時親脂	微刺	滲透性佳，作用比杏仁酸深入，又沒有甘醇酸的濃烈刺激性。
杏仁酸	152 Dalton	脂溶性	可用於任何膚質。	可較深入皮膚又溫和不刺激。

說明

- 宣稱「新一代較溫和果酸」、「複合式果酸」，大都是改良自傳統果酸的高刺激性而來，所有果酸的作用原理皆相似。
- 果酸屬於表淺換膚，能夠剝除皮膚外表角質層的層數有一定的限度，須多次換膚（4～6次）才會有很好的效果。
- 果酸因分子小容易滲入皮膚裡而造成刺激，所以術前、術後一週內都不可使用具有刺激性的保養品或者接受飛梭、去斑雷射治療。
- 皮膚易過敏、臉部有傷口、曬傷、感染、唇疱疹、免疫性疾病、臉部皮膚病、扁平疣等等，不適合果酸換膚。
- 若使用高濃度的果酸換膚，皮膚出現結痂的機會較高。
- 甘醇酸依然是目前果酸換膚的主流，雖然刺激性大，但分子小、穿透力強，效果最爲明顯。有經驗的醫師完全了解果酸與患者皮膚的交互作用，因而能夠精確掌握時間，更能獲得最佳效果。果酸換膚，慎選醫師是最關鍵。

附註

角質細胞是「死的」細胞，但是角質細胞的結構蛋白（角蛋白結構仍然是完整的）有正常的結構與防禦功能。

微整形療程

你或許看過美國的熱門電視影集【整形春秋，Nip / Tuck】，其中Nip / Tuck這兩個英文單字是指：拿此東西出來/放此東西進去。用於現代的醫學美容中心或診所，似乎比使用「plastic surgery」來得更加貼切。內容當然包含傳統的拉皮、隆胸手術，更包含時下最流行的抽脂、打玻尿酸、微晶瓷、打肉毒桿菌等挖挖補補的微整形。

施打各類填充物

想要去除臉上的不平整，除了可以用果酸換膚、微晶磨皮、雷射磨皮等物理性治療（磨皮）之外，想簡易地撫平臉上凹洞、皺紋等還有兩種方式：

1**表面填平：**在保養後，塗抹含粉霧狀「矽靈類」的隔離霜、防曬品、底妝品……，矽靈填平皺紋、凹洞、任何縫隙。卸妝、清潔之後，撫平的效果就消失了。

2**由內撐起：**注射膠原蛋白、玻尿酸、微晶瓷、自體脂肪等填充物至真皮組織，將已經凹陷（皺紋、凹洞、淚溝等）的皮膚由內撐起。效果持續性視施打的填充物種類而定。

膠原蛋白、玻尿酸、雅得媚、微晶瓷、自體脂肪等填充物的比較：

	特性	來源	優點	適應症	時效性	缺點
膠原蛋白（Collagen）	屬蛋白質	動物組織提煉、微生物醱酵法、化學合成	分子細緻，可注射在極細緻的凹陷處	細小皺紋、淚溝紋	4～6個月	維持時間最短
玻尿酸（Hyaluronic Acid）	屬黏多醣	動物組織提煉、微生物發酵法、化學合成	與膠原蛋白相同屬暫時性治療，不滿意，約半年之後可恢復原貌	隆鼻、淚溝泡眼、蘋果肌、豐唇、豐頰、隆下巴、深的皺眉紋、法令紋	8～12個月	維持時間短
雅得媚（Aquamid）	聚丙烯胺	化學合成	效果最長（3～7年）	隆鼻、豐唇、豐頰、隆下巴、深的皺眉紋	3～10年	因屬長效，對效果不滿意，移除不易
微晶瓷（Radiesse）	生物軟陶瓷	化學合成	質感較硬，塑型能力強，不易變形，能塑造尖挺的立體效果。	隆鼻、墊下巴	6～12個月	注射後會變硬，不適合注射在細緻部位。

3D聚左旋乳酸	聚左乳酸	化學合成	漸進式的拉提效果	提眉、豐頰、法令紋、嘴角皺摺、緊緻輪廓	2年	
自體脂肪移植	脂肪細胞	自體脂肪組織	永久性效果	豐胸、豐頰、蘋果肌	永久	價位高

說明

- 除了自體脂肪移植之外，所有外來的填充物都會被身體吸收（身體知道這些物質是「外來的」，體內的清道夫會慢慢將這些外來物質移除），因此皆無法維持長久效果，必須一再重複施打。
- 對不想接受不可逆的動刀手術，又想要不著痕跡的改變五官、增加臉部立體度、除去明顯的皺紋的愛美族而言，有立竿見影效果的各類填充物就是很好的選擇。除了金錢，消費者不會有任何生理上的折損，也不會有後悔莫及的遺憾。或者對想要卻又不敢冒然進行整形手術的人而言，各類填充物則可當作手術前的試金石。
- 有些技術純熟的整形醫生，會利用特殊注射方式創造出「埋入隱形線」的效果：在淺層皮下打入玻尿酸或膠原蛋白，打出網狀架構，讓臉部輪廓產生立即性拉提。
- 微整形已是醫學美容的趨勢，雖然風險低，但成敗關鍵仍取決於醫師對於材質的掌握與運用的嫻熟度，當然還有醫師的審美眼光，因此慎選專業醫師是重要關鍵。

施打肉毒桿菌素

微整形除了注射上述的填充物，另一個重要的注射項目是注射一種神經毒：「肉毒桿菌素」。其治療機制，就是利用肉毒桿菌素阻隔來自運動神經傳遞至肌肉的收縮訊號，使肌肉產生暫時性麻痺，而達到阻止肌肉收縮、達到暫時除皺的目的。

肉毒桿菌素與各類填充物比較：

	注射肉毒桿菌素	注射各類填充物（膠原蛋白、玻尿酸……）
主要功效	治療動態皺紋、表情紋（臉部有表情，因肌肉收縮時才會出現的紋路）	治療靜態紋路（臉部沒有表情就已經存在的紋路）
作用機制	抑制肌肉收縮，進而暫時性除皺	將已經凹陷的皮膚由內而外撐起
臉部主要治療項目	**抑制**：動態魚尾紋、動態抬頭紋、皺眉紋、笑紋……	**填補**：靜態抬頭紋、靜態皺眉紋、眼睛下方細紋、法令紋、凹洞……
其他治療項目	瘦臉、V型臉、國字臉（咀嚼肌）、治療蘿蔔腿（瘦小腿）、治療多汗症……	豐胸、填補淚溝……

說明

- 臉部局部施打肉毒桿菌素，是用來減低因肌肉收縮而產生的「動態皺紋」或者「表情紋」，肉毒桿菌素對於靜態皺紋並無治療效果。但許多人因爲遺傳或年齡等因素，動態紋與靜態紋路會同時存在，若搭配玻尿酸等填充物一起使用，效果會更自然。
- 過度施打肉毒桿菌素容易導致表情僵硬，造成皮笑肉不笑的尷尬場面。若因工作而需要豐富的表情，例如演員，就要考量適不適合施打肉毒桿菌素，因爲施打之後會影響臉部豐富的表情。
- 肉毒桿菌素需要適當的濃度才能達到良好的抑制效果，若過度稀釋，會導致效果不佳或本來可以維持六個月的期限縮短。

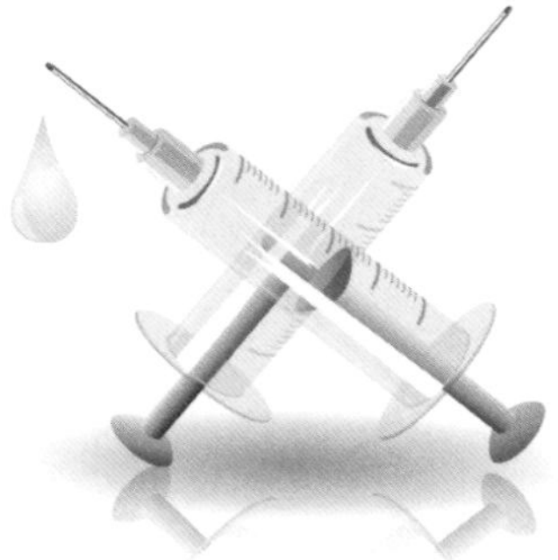

術前、術後之衛教

- 不論是藉助物理儀器或是使用化學治療的醫學美容療程，在諮詢時請務必詳細告知醫師是否患有心臟病、蟹足腫、糖尿病、皮膚病等疾病，或正在服用抗凝血劑以及是否懷孕等等，尤其是必須使用雷射（光）或脈衝光治療前，請確實告知醫師是否正在服用特殊藥物，尤其是「光敏感藥物」（例如某些抗生素、消炎藥、精神科藥物、利尿劑、高血壓藥等等）。愈詳盡的告知，醫師可以提供的療程建議也能愈符合不同消費者「客製化」的需求。
- 物理儀器課程大都可以去除部分角質層，而化學換膚課程主要的目的之一便是在去除角質層，因此，在前往醫美治療前的1到2週，請勿去角質和勿使用含果酸、A酸等等會去除角質層的保養品。同時爲了避免造成雙重刺激，課程前請勿過度日曬，因爲不論物理或者化學課程，對皮膚都有一定程度的刺激性。術後應加強防曬、減少戶外活動、避免直接曝曬陽光，白天請使用SPF30 / PA++以上之防曬乳，並使用遮陽帽或陽傘爲肌膚確實做好防曬。並請於出門前20分鐘或30分鐘使用防曬霜。
- 物理課程的光療，都會造成皮膚水分蒸發而使皮膚乾燥，化學換膚後的皮膚因去除了含水量較低的表層角質層，含水量較高內層角質因而顯露出來，因此無論是物理療程或者化學療程，療程後應該比平時更注重加強保濕，同時塗抹油脂含量較高的產品以利鎖住水分。

- 治療深度較深的雷射除斑課程，局部加強治療區域必會有傷口，一星期內請盡可能保持乾淨、乾爽，傷口約三天左右形成痂皮，約一星期左右痂皮會自動脫落。痂皮未脫落前，請勿以外力強行撕下，痂皮掉落前，也請維持痂皮患處乾燥，不要塗抹保養品或化妝。痂皮掉落後皮膚呈粉紅色，表示傷口已癒合。傷口處如選擇貼人工皮則不會結痂，人工皮會幫助傷口直接癒合。如果選擇貼人工皮，可正常洗臉，人工皮一般而言不會自動脫落，當吸收了滲出的組織液而逐漸變白，表示該換新的人工皮了。人工皮約貼一週後傷口會癒合，皮膚呈粉紅色。
- 雷射治療癒合後的傷口必須避免曬太陽，陽光中的紫外線易使新生的皮膚產生色素沉澱而導致皮膚變黑，造成治療效果不佳。所以外出時應塗抹SPF30／PA++以上防曬產品（SPF30以上）和撐傘，避免直接接觸陽光。
- 請依照醫師指示，定期回診。

諮詢與手術同意書

曾經上網查詢過醫學美容資料的讀者大概都有類似的經驗，大部分醫學美容中心的網頁介紹，一般是報喜不報憂。盡訴療程可以改善的效果，對可能發生的副作用或後遺症大都避而不談、或避重就輕。

在眞實生活中的醫美中心，從諮詢、診斷、及治療過程中，可能引起醫療糾紛的因素很多，有些因素極爲單純，有些是各種原因所交織而成。市場上有些對醫療糾紛的研究皆指出，超過八成醫療糾紛源自於醫病關係不佳、溝通不良，包括醫護人員不適當的言行舉止、沒有仔細聆聽病患與家屬的陳述、醫護人員對症狀與治療說明不詳細、未告知治療併發症或副作用、患者未事先告知醫護人員有無藥物過敏、病患未依照醫囑配合診治、患者對治療的期待過高而結果不如預期等等。

美國醫界有句名言：「事前一盎司告知，勝過將來在法院一磅的解釋。」確實，醫學美容是一種極度「量身訂做」的服務，在需求者「既期待又怕受傷害」的微妙心理下，更需要與醫師在術前充分溝通、告知療程中併發症的防範與術後可能的後遺症、以及專屬的全方位照護。醫學美容同樣不保證每一個案都能萬無一失，如果可行，建議簽署一份能同時保護醫病雙方的「諮詢與手術同意書」。

確認諮詢已完成、療程（手術）亦完整說明，並由醫師、患者同時具名簽署：

- ■建議醫學美容（手術）療程名稱
- ■建議原因
- ■療程（手術）的步驟、過程與範圍
- ■麻醉風險
- ■輸血的可能性
- ■患有特定生理疾病或正在服用的藥物
- ■療程（手術）併發症及可能處理方式
- ■療程（手術）後可能出現暫時或永久後遺症

慎選醫師：專業醫學會

官方（衛生署）核定的整形專科醫學會：

PRSA（中華民國整型外科醫學會）：http://www.prsa.org.tw/prsa/

附註

「整形外科」需經國家專科醫師考試通過、認證。

民間學術團體認證：

TSAPS（中華民國美容外科醫學會）：http://www.tsaps.org.tw/

T.M.I.A.S（台灣微整形美容醫學會）：http://www.taiwanmeso.org.tw/

C.S.C.S.M（中華民國美容醫學醫學會）：http://www.cscsm.org.tw/

※讀者可以利用上述網頁查詢各醫學會的會員醫師資料。

發生醫療糾紛該如何處理？

如果需要相關協助，可洽詢以下單位：

■中華民國消費者文教基金會 02-2700 1234

■台灣醫療改革基金會「醫療糾紛諮詢」02-2709 1329

諮詢時間：週一～週五

9：00～12：00 AM

1：30～5：30 PM

附註

本「透視醫學美容」由整形外科醫師郭政達與李熙麗共同執筆。

郭政達醫師任職於羅東聖母醫院整形外科、現代美學整形外科診所。

Chapter 6

適齡之美

當我們正值青春年華的時候可能曾經幻想過，十年、二十年後的自己會是什麼模樣，期盼自己可以老得美而優雅且韻味十足？在重新意識到這件事之前，我們的年齡可能已屆四十、五十歲。

許多人希望自己不會衰老，但我們都了然於心，永遠年輕，不可能！流行文化的推波助瀾，有越來越多的專家、學者大張旗鼓地在鼓吹抗老、永保年輕的概念，然而這個流行話題的定義卻是如海市蜃樓般的模糊與漂浮，因為截至目前為止，並沒有任何一種生活方式、運動方法或醫療處置等可以終止老化的步伐，理所當然地，我們都終將老去。「保養」也一樣，再多的努力都無法讓肌膚永保無瑕。

很多女性朋友步入了三十五歲之後，發現自己肌膚明顯出現乾荒、斑點、皺紋、鬆弛等現象時，經常不惜成本購買高價化妝保養品，希望藉此挽回流逝的青春。對這些捨得投資的讀者而言或許難以理解，但單純的保養塗抹已於事無補。

在對抗肌膚老化的過程中，溯本求源才能挽救危肌——平衡的女性荷爾蒙才是拯救肌膚的基石。

然而生理機能最終仍免不了要衰退，即使臉龐僅存的風華全數耗盡，丰采還是可以很迷人。我們唯一能選擇的，就是如何老去。

仔細觀察社會各行各業的女性面貌，有些女性就是可以保有適齡之美，即使年華逝去仍充滿吸引力：自然不造作的動靜美感、獨樹一格的品味、充滿文藝思維、掌握世界脈動……。我相信，健康的身心與生活態度、文化薰陶與自我覺醒都是讓她們依然吸引人們目光的重要原因，而且因為自信，讓她們對歲月痕跡可以視而不見、並與之怡然共處。

所以，永遠美麗，有可能，就像經典的黑與白，即使歷經時代的變遷，也能展現純粹、永恆之美。

女人的青春之泉：和諧的性生活

陽光、空氣、水，是所有生物賴以維生的三大元素，但是對女人而言，還要包含愛情，生活才更多彩，生命才更豐富。

很多人都覺得法國女人優雅、自信、獨具魅力……。在這背後，那股源源不絕的動力是什麼？是「愛情」。

不論幾歲、哪個階層、已婚、未婚，對法國女人而言，愛情就像呼吸一樣的自然，始終是她們維持魅力風情的養分。愛情，促使她們具備追求「美」的心，而「美」對她們而言，包含外在之美與生命之美，其中更蘊含藝術與文化美感素養。

心理學家羅伯特．史坦伯格（R. Sternberg）曾提出愛情三角理論，他認爲唯有親密、激情、承諾三者兼具才是完美的愛情。而如果愛情可以「被測量」，在親密、激情、承諾三者之中，唯有激情程度可以「性」實質量化，其中除了有「量」的差異，更有「質」的差別。另一方面，「精神分析之父」佛洛依德（S. Freud）也認爲「飢餓與性是我們生命的兩大動力」，可見，性在人類的愛情與生命旅程中是不容忽視的。

許多人或許只是很單純地享受性愛，畢竟性愛是愉悅的，但是越來越多的醫學報告顯示，性不僅只是娛樂，更有益身體健康。享受歡愉的性愛，對生理與心理皆妙不可言。所以，現在有更適切的理由讓女人可以盡情躲在被窩裡。

按照臨床性學者 Dr. Gloria G. Bramer 的說法，就像刷牙、洗頭一樣，性愛活動應該被列入每日例行性的事項裡。

性愛對「外在生理」的幫助

性愛對肌膚的益處

性愛讓女性容光煥發

早有研究發現，性愛讓女性身體產生額外的雌激素，讓女人更加散發柔媚氣息，讓肌膚更有光澤。另外，肌膚的健康與美麗，重要的關鍵點之一在於血液循環。性愛可以促進血液循環，使體溫上升，血液與氧氣的流量大增，提高養分和氧氣的輸送，臉部肌膚會顯得比平常紅潤，同時細胞組織內水分增多，肌膚更顯豐盈，細紋變淺，甚至減少、消失。好的血液循環是嬌豔肌膚的基石，好氣色才是肌膚健康美麗的表徵。

性愛讓毛孔潔淨、肌膚潤澤

性愛可以讓毛孔保持暢通與保持肌膚潤澤。藉由性愛過程中流汗、出油的過程，隱藏在毛孔裡的灰塵、汙垢和化妝品殘留物，因體溫上升而隨著汗水與皮脂流至肌膚表面。或者是汗水與皮脂給予健康的肌膚所需的潤澤與柔滑。性愛魔法的效果，取決於熱切與費力的程度，這是任何面膜所無法取代的。

維持個人體態

大部分的人都會在意在伴侶面前裸體時他們是否擁有良好的體態，因此規律的性生活是維持合適身材非常好的動機，讓人時時注意自己身體的外在形象。

性愛每半小時大約消耗150卡路里，以平均一對伴侶每週三次、每次性愛活動大約25分鐘，算起來依然消耗了近450卡路里。如果妳比平均值來得活躍，好處只會更多，可以鍛鍊腹部、大腿、胳膊等部位的肌肉，足不出戶，不需任何費用，就能擁有在健身房裡取得的效果，何樂而不為呢？

性愛是青春之泉——青春美麗，延緩老化

蘇格蘭皇家愛丁堡醫院的研究發現，性愛會使女性看起來年輕十二歲。蘇格蘭愛丁堡醫院神經生理學家威克斯：「積極的性生活可以延緩衰老過程，讓人永保年輕。」

蘇格蘭皇家愛丁堡醫院對歐洲、美國三千五百位年齡在十八到一〇二歲的人進行十年追蹤研究，發現人的外觀25%來自遺傳、75%來自行為，而行為包括三個因素：運動、心理、性

愛。因此，可以說規律的性愛能使人容貌更美。

德國埃爾朗根大學路德維希·維爾特和特雷莎·彼得曼爵士在《柳葉刀》醫學雜誌上發表的一篇文章中：「在我們兩個人看來，雌激素水平較高的婦女顯得較爲年輕，而雌激素水平低的婦女看上去比她們的實際年齡大。體內擁有了充足、平衡的荷爾蒙女性，外表看起來可以比實際年齡年輕十五到二十歲。」

性愛對「內在心理」的幫助

身心合一，彼此更親密

性愛使妳與伴侶更親密，包含情緒上和肉體上。

研究顯示「性愛時釋放的催產素（oxytocin）不僅能改善心情，還能讓妳感覺與伴侶更親密，其對女性的作用尤其明顯」。其實不僅是性愛，愛撫或前戲也能促使催產素大量釋放，無論對於男性和女性，催產素都有促進性慾的作用。

今天科學家們發現，性行爲中，性高潮時大腦會釋放催產素與腦內啡（endorphins），引起相關的生理反應包括：高潮時的子宮收縮、以及大腦中感受到的快感。

有些科學家認爲，催產素與腦內啡（類鴉片活性胜肽）具有協同作用——實驗中可以觀察到，腦內啡與催產素之間存在不可否認的相互作用：催產素啓動「依戀」、「信任」的感受，腦內啡則提供「溫暖」、「陶醉」的感覺。

腦內啡的化學性質與嗎啡十分相似，它讓人產生安全感、舒適感與滿足感。當妳與伴侶的關係傾向好的發展時，妳的大腦就會將他與幸福的感覺聯繫在一起，快樂事情越多，這種聯繫就越堅固，兩人的性生活也會傾向更好，從而更顯恩愛。

心情好，自信高

定期的性生活表現出妳們愛慕著對方，而性愛時易於達到高潮會讓自己覺得更具吸引力，進而提高自信心。

美國國家經濟研究所調查發現：「與金錢相比，規律的性愛可以讓人感覺更加幸福。性生活規律的夫妻感受到的幸福，就如同每年多賺了十萬美元。」

美國舊金山性愛專家桑德爾：「如果一個人在床上的表現良好，不僅可以令伴侶更加快樂，自己也會感覺充滿自信和力量。」

性愛讓妳擁有更健康的生活

性愛可以治療頭痛

「親愛的，我頭痛，今晚不要。」

現在，請理直氣壯地告訴妳的伴侶，性愛的好處之一是舒緩疼痛。當情慾被激發或處於興奮狀態，催產素濃度不僅開始增加，它也是高潮的主因，高潮來臨前，催產素濃度增加，身體內也充滿強效腦內啡，這些天然止痛成份，有助於緩和生理疼痛與偏頭痛。

減壓、舒眠

最新的研究報告揭示了，性生活越頻繁的人，越自在、越快樂、越能處理壓力。高潮後，強烈的鎮定浪潮征服了人們（這是爲何男人通常倒頭就睡），緊張的身體開始放鬆，肌肉也在滿足後得以舒展，睡意自然地襲來。

很多享受規律性生活的人，晚間有比較好的睡眠品質，白天從頭到尾都覺得比較有活力且精神抖擻。性生活的另一好處，當晚上好入眠，就能更有效率地處理白天的工作壓力。

美國心理學家：「美滿的性愛是擺脫壓力最好的方法之一。」

促進血液循環

心跳加速，血流速度增加，流至腦部的血流量也增加，讓工作的表現也更好。最終，新鮮的血液流經全身提供器官更多的氧氣，並帶走細胞組織的代謝廢物。因此，性對健康的另一個好處是，人體的各組織系統更乾淨，請用這些小小興奮適當地對待你的身體。

免疫力提高，抵抗力變好

美國威爾克斯大學研究：「針對一百一十一位，十六到二十三歲的志願者進行分析後發現，每週有1到2次性愛，可以使體內A型免疫球蛋白的數量提升30%，從而增加抵抗力，幫助人們預防感冒和流感。」

根據這份刊登在《新科學家》期刊的研究，每週2次性行爲能提升人體免疫系統第一道防線免疫球蛋白A（IgA），是最完美的感冒良方。

降低心血管疾病

經常有性生活的女性有更高水平的雌激素，雌激素能保護心臟。而性愛就是一場床上運動，骨盆、四肢、關節、肌肉、脊柱有更多的活動、肺活量增加，血液可以攜帶更多氧氣給各臟器和組織，尤其是心臟器官的功能會更加強健。

英國《太陽報》報導，根據北愛爾蘭伯爾發斯特女王大學研究發現，每週最少3次完美的性行爲，可以促進心臟功能，罹患心臟病或中風的風險也減半。研究人員認爲，規律性的行爲也可促進循環，降低血壓，經常擁有和諧性生活的夫妻，發生心臟病的危險至少比常人減少10%。

性愛可說是兩性之舞的表現方式之一，無論在愛情、心靈和生理上都不可或缺，或可以說愛情（性愛）是生命的一種投資，投資愛情比投資化妝保養品更具經濟效益。

女性荷爾蒙，成就女人味

女性荷爾蒙，不只關乎月經、生育，尤其是雌激素（estrogen），讓女性擁有窈窕的體態、年輕的容貌、細緻的皮膚，不僅突顯女性柔美魅力，更是維持女性骨質密度、心血管功能、尿道和膀胱對被膜完整預防感染、並爲記憶力提供莫大幫助，是維持女性健康、展現風華最重要的因素。

但是30歲以後，雌激素分泌量開始減少，除了逐漸步入熟齡的女性、也有越來越多年輕女性因女性荷爾蒙疾病所苦，特別是因荷爾蒙失調或分泌不足所引發的健康問題，成因不明，但由現代醫學判斷，和現代人不健康的生活形態脫離不了關係：生活壓力大、飲食不正常、過度減肥等等，都會導致女性荷爾蒙提早失衡。

不健康的生活形態導致荷爾蒙失調，荷爾蒙失調破壞了月經週期的規律性，在不規律的月經與荷爾蒙失調彼此交互影響下，因荷爾蒙失調所引起的疾病應運而生，包含女性朋友最在乎的肌膚問題，例如，痘痘、黑斑、乾燥等等。

從年輕到熟齡，女性在肌膚保養上投注許多時間、心力與金錢，尤其是臉部肌膚，目的就是要長保光潔美麗。但是與年齡有關的荷爾蒙減少問題對皮膚的威脅太大，醫學美容就是因應這個市場的需求而崛起。

醫學美容確實可滿足部分女性的需求，但對許多熟齡女性而言，內心深處對造就女人青春美麗的女性荷爾蒙仍有無法抹滅的情愫，因此，許多醫師建議利用女性荷爾蒙補充療法調整失調的荷爾蒙、同時藉此減緩歲月的烙痕，由內調理，以減緩年齡漸長所衍生的不適症狀、並達到延緩老化、常保青春的目的。

然而，由外補充女性荷爾蒙卻有如雙面刃，有利自有弊：

荷爾蒙補充療法的「利」

中、短期使用荷爾蒙療法，利大於弊。

短期使用荷爾蒙療法用於調整年輕女性的荷爾蒙失調，可以迅速回復各項生理機能與規律的月經週期。

中期使用荷爾蒙療法可以改善盜汗、尿道感染、骨質疏鬆症、與老化有關的輕度阿茲海默等更年期的生理症狀，同時改善易怒、睡眠品質等精神症狀。

長期使用荷爾蒙療法，則會增加心血管疾病的發生、增加膽結石的風險、小幅增加乳癌的風險……。

根據目前的醫學研究證據顯示，女性朋友在面對是否接受荷爾蒙療法應有的健康態度是：荷爾蒙療法確實可以改善生理機能、改善膚質，但不是非用不可。若因荷爾蒙失調或已屆熟齡而體內荷爾蒙開始混亂至足以影響生活作息、社交及工作的情況下，別猶豫，中短期使用荷爾蒙療法利遠大於弊。

請確實與醫師討論、權衡利弊得失之後，謹慎使用荷爾蒙補充療法，並定期回診追蹤。

事實上，女性在面對年齡增長時的不適症狀，若仍屬輕微，可以考慮先從生活習慣著手，在飲食上，可以補充類女性荷爾蒙功能的大豆異黃酮、山藥等天然食品，或者可以選擇額外的營養補給品。當輕微症狀無法改善或更嚴重時，才考慮尋求荷爾蒙治療的途徑。

對於肌膚保養，只耽溺於表相的潤飾並不足以構築美肌，女性荷爾蒙才能堅實地守衛肌膚的健康與美麗。因此，不論年齡，由體內調整好、控制好女性荷爾蒙，使其達到穩定的平衡狀態，不僅能擊退諸多的不適症或病痛，要做個美麗不折舊的女人並非難事！

附註

第六章之「女人的青春之泉：和諧的性生活」與「女性荷爾蒙，成就女人味」，由婦產科醫師李世明與李熙麗共同執筆。

李世明醫師任職於台北中山醫院婦產科、黎明婦產科診所。

References：

1. Oxytocin during the initial stages of romantic attachment: Relations to couples' interactive reciprocity Psychoneuroendocrinology Volume 37, Issue 8, August 2012, Pages 1277–1285 http://dx.doi.org/10.1016/j.psyneuen.2011.12.021,
2. A Blood Test to Predict Everlasting Love? http://healthland.time.com/2012/02/22/a-blood-test-to-predict-everlasting-love/
3. 6 Unexpected Health Benefits of Sex Published March 30, 2009 / Askmen.com http://www.foxnews.com/story/0,2933,511503,00.html
4. The Benefits of Sex for Your Skin By Colleen Moody http://www.realbeauty.com/skin/face/get-sexy-skin#slide-1

完美是所有細節的總和

十五、十六世紀文藝復興三傑之一的**米開朗基羅（Michelangelo）：「完美不是一個小細節；但注重細節可以成就完美。」**

身體健康、肌膚美麗，從來就不是單一因素所造就而成，這些因素包含遺傳、荷爾蒙、環境、生活習慣等都會影響身體的新陳代謝，進而造成健康衰退、肌膚衰老。肌膚的保養也早已不再只侷限於表面，從身、心、靈全面性的保養方式才能由內而外建構健康美麗的肌膚！

健康的身、心、靈，是來自個人的「生活型態」（Life Style），與個人生活的「飲食方式」、「運動與休閒」、「休息與保養」、「醫療管理」、「壓力與情緒」、「健康環境」等等行爲表現有最直接的關係。

那麼，要如何成就完整的身、心、靈保養，進而讓肌膚由內而外散發健康活力？很簡單，從「健康管理」著手。**所謂的健康管理，就是用一種「成本不高、大家都懂、卻覺得有一點麻煩」的方式管理健康。**

健康管理對美麗肌膚的幫助，就像是蓋一棟建築物，先把主架構與最佳的建材備妥，然後蓋在最穩固的基地上。有了堅固的房子，再討論機能與表相的提升，不然，縱使有奢華的裝潢也是徒勞無功。

健康管理操作參考

以下表格，取自健康管理博士蔡志一教授所設計的「處方建議表格」，表格內容包含：執行（INPUT）「健康項目」（T，type）、頻率（F，frequency）、強度（I，intensity）、時間（T，time）與最終的目的或結果（OUTPUT），請見以下列表說明。

讀者逐一看過列表後便能理解，健康管理並非一門艱澀的科學，只需要了解想要填入的項目、會最基本的加、減、乘、除就能有效管理，所以別視健康管理爲畏途。

讀者可參照下列六款表格規劃出最適合自己的「健康項目」（T）與「健康方法」（FIT），這個簡單的方法可以讓自己過得更健康、美麗！

釋放身心靈的保養：

休息與保養管理，休息（1A）與保養（1B）

1A：睡覺、小憩、下午茶、靜坐

1B：SPA、按摩、泡澡

休息與保養管理建議

執行（INPUT）	項目（T）	頻率（F）	強度（I）	時間（T）	結果、目的（OUTPUT）
1A	睡覺	1次／天	與T相關	6～10 hrs	回復體力、精神
1A	小憩	1～2次／天	與T相關	10～30分	放空、放鬆、充電
1A	靜坐	1～2次／天	與T相關	15～30分	放空、放鬆、充電
1B	按摩	X次／天	視按摩種類	視狀況	放鬆、消除疲勞
1B	泡澡	1次／天	與T相關	視狀況	水溫不同效果不同
1B	SPA	X次／天	依需求	視狀況	類似按摩、泡澡效果

輕鬆、愉悅的祕訣：

壓力與情緒管理：壓力（2A）與情緒（2B）

2A：深呼吸、聽音樂、靜坐、瑜珈、運動

2B：與人交談、溝通、閱讀、深呼吸、運動

壓力與情緒管理建議

執行（INPUT）	項目（T）	頻率（F）	強度（I）	時間（T）	結果、目的（OUTPUT）
2A	深呼吸	1～2次／天	與T相關	5～15分	放鬆、減壓
2A	音樂	1～2次／天	依種類	視情況	放鬆、調適心情
2B	溝通	視情況	與F、T相關	30～60分	找出改善方式或當下改變

「健康權利（health right）」：

醫療管理，健檢（3A）與治療（3B）

3A：一般健檢、特殊健檢、中醫診斷、全身健檢

3B：藥物（中、西藥）、開刀、物理治療、針灸、推拿等

醫療管理建議

執行（INPUT）	項目（T）	頻率（F）	強度（I）	時間（T）	結果、目的（OUTPUT）
3A	一般健檢	1～2次／年	依內容	與I有關	如：驗血、驗尿、骨質密度、膽固醇、血壓
3A	特殊健檢	視情況	一般較高	與I有關	如：癌症、肝指數等
3A	傷害診斷	視情況	與T相關	視情況	檢查急性及慢性傷害程度
3B	西藥	依病況	依病況	1/2F（分）	不同疾病不同成效
3B	針	依病況	依病況	依急慢性	不同部位、時辰、針數、針法有不同效果

均衡的飲食是健康的「基本功」：

營養管理，飲食（4A）與營養補充劑（4B）

4A：正餐與零食、飲水

4B：營養補充劑（視個人實際需求）

營養管理建議

執行（INPUT）	項目（T）	頻率（F）	強度（I）	時間（T）	結果、目的（OUTPUT）
4A	正餐	3次／天	熱量控制	20～30分／次	能量、活力、健康來源
4A	飲水	體重／16（杯）	200～250 c.c.	1/2F（分）	調節體內水分平衡
4B	視個人實際需求				

運動強健身體、知性改變氣質：

運動與休閒管理，運動（5A）與休閒（5B）

5A：暖身、主要運動（游泳、騎腳踏車、打球等等）、伸展、緩和。

5B：看電視、逛街、看展覽、旅行、閱讀、聽音樂、看比賽、休閒類運動。

運動與休閒管理建議

執行（INPUT）	項目（T）	頻率（F）	強度（I）	時間（T）	結果、目的（OUTPUT）
5A	暖身	1次／次	視狀況	5～15分	提高體溫
5A	伸展	2次／次	視狀況	7～10秒或更長	提高柔軟度
5A	緩和	1次／次	視狀況	5～10分	放鬆
5A	主要運動	視狀況	視狀況	視狀況	鍛鍊體能，提昇技巧與純熟度
5B	看電視	X次／天	與T有關	視狀況	滿足心理、汲取知識
5B	旅行	X次／年	與T及錢有關	視狀況	放鬆身心、人文素養
5B	閱讀	X次／週	與T有關	視狀況	精神充實、人文素養

樂活的生活環境與自然環境：

健康環境管理，室內（6A）與戶外（6B）

6A：室內：空氣清淨、採光、音量、悅音、電子輻射

6B：戶外：種花草、曬太陽、郊遊、森林浴

健康環境管理建議：

執行（INPUT）	項目（T）	頻率（F）	強度（I）	時間（T）	結果、目的（OUTPUT）
6A	空氣清淨	3次／天	5～10／次	早、中、晚	減少污染
6A	悅音	3次／天	看情況	看情況	放鬆身心、感覺愉悅
6B	森林浴	1～3次／星期	看情況	看情況	去除身上有健康風險的陽離子
6B	曬太陽	2次／天	15～20／次	早、傍晚	補能、促進體內維他命D之吸收

規劃適合自己的「健康項目」（T）與「健康方法」（FIT）時，不需要每一項都執行，**請挑選自己喜愛或適合的項目執行之**。例如：

・在休息與保養管理項目中，如何安全、正確且經濟的自我保養？需要那些器材？需花費多少金錢與時間？
・在醫療管理項目中，何時需要進行健康檢查？要做到什麼程度？
・在運動與休閒管理項目中，哪種運動適合自己？哪種休閒對自己最有效率與獲得最佳的滿意度？

在執行健康管理之前，請先了解以下操作步驟：

1先進行個人的「健康水平」檢測。完整的健康檢查應包含體適能檢測、健康管理心理問卷、生化檢測等，以便了解自己的整體健康情形，並藉此數據評估需求。
2評估可能的問題，並視個人健康的需求選出「最佳健康資源組合」。
3績效目標設定。
4執行與控制。
5進行「再評估」所設定的健康目標是否達到。
6管理必須要有數字評量才有績效可言。

投資理財似乎是現代人必修的人生規劃之一，但是，投資健康卻經常被忽略。許多人花費大量的時間在投資理財，眼前所見，盡是實質報酬率的產出，卻吝於花費六十分鐘投資健康，殊不知，當失去健康的時候，所有報酬率都是零。肌膚的美麗更是如此，一旦健康違和，即使平常保養得宜的膚況也會瞬間消逝。健康和財富一樣，都需要長期投資和累積。

健康管理是所有女人一生受用不盡的美麗祕笈，做好管理，讓自己活得健康、有型，哪怕歲月的痕跡已經爬上了眉眼之間，支撐妳風韻十足的是妳飽滿豐盈的身心靈，歲月的消逝反而使妳展現出一種眞正的自在魅力。

最後以股神巴菲特給股東信中的一句話送給所有讀者：

「當一個問題存在時，不論是在個人生活或是商業運作，最適合解決問題的時機就是馬上行動。」

【When a problem exists, whether in personnel or in business operations, the time to act is now.】

後記　SPA美容館

再忙也要寶貝自己。想寶貝自己，除了逛街、看電影、聚餐、K歌，妳還想到什麼？現代女性若能夠在有限的時間裡尋得一個可以遠離塵囂、釋放壓力、平衡身心靈的場所，是再幸福不過的事了。SPA美容館，會是部分女性的選擇，透過靜謐舒適的空間、專業療程與熱誠的服務，補足身心能量，讓心靈休憩、生理調養，以平衡一下煩憂的生活，擁抱最純粹的幸福。

記憶中「傳統的」美容沙龍，不外乎是協助消費者清除粉刺、保養按摩、儀器操作等等的專業技術，或者讓消費者體驗特殊的課程、體驗無法在家自行使用的產品……。

在美容市場被大量瓜分後，傳統美容沙龍也紛紛轉型，美容會館、SPA中心等是比較摩登的名稱，所提供的服務也已經跳脫純美容沙龍課程的思維——不再只侷限於臉部或身體課程，硬體的設計裝潢或是溫馨、時尚、奢華；軟體部分可能結合護膚、按摩、護髮、美甲、水療、音樂……更大型的甚至包含健身運動、舞蹈瑜珈、人文藝術、社交聯誼、養生餐廳等多功能複合式美容會館，全方位滿足消費者的需求。

若不談其他，即使是傳統的美容沙龍，從一進門，店內的裝飾（視覺）、悅耳的音樂（聽覺）、撲鼻的香氛（嗅覺）、養生的飲品（味覺），到臉部或身體的按摩（觸覺），這些都是傳統的、新型的ＳＰＡ美容會館想要傳達給消費者多重感官的享受，這幾個小時的歷程所帶給大家的並不單純只是一張「乾淨的臉龐」或「舒適的按摩」而已。

不論是去何種美容會館、ＳＰＡ中心，我比較想提出來討論的，是與臉部課程和身體課程有關的「按摩」步驟。即使在按摩椅已經大行其道的今日，到目前爲止「雙手按摩」仍然是無可取代的。

按摩

平時肩頸痠痛時，很自然地我們會以雙手往痠痛處揉捏，不舒服的感覺往往便能減輕。由此可見，按摩是維護身體健康的方式之一。它的特色是簡易，而且每個人都有這種能力，只要肯動手，便能使人輕鬆愉快。

傳統上，按摩被視爲治病的方法之一，數世紀以來許多民族皆用此法來治療或減輕疾病。例如，按摩是中國傳統醫學經絡、氣血學說保健法的基礎。作爲一項輔助治療，按摩是使人感到舒適的積極方法，它同時可以減輕一些使人不適的症狀。

按摩不僅影響生理，連心理健康都深受按摩影響。在生理上，它不但能使肌肉放鬆，如果方法正確，還能促進淋巴系統的功能，協助體內廢物迅速排出；在心理上，它給予被關懷、寵愛與受重視的感覺。這兩方面的功效一旦合而爲一，就能產生一股神奇、不能爲現代科學醫藥所匹敵的安寧感。

一個完美的按摩可以使人有如置身天堂的幸福感，它不但有不可思議的鬆弛效果，更讓人可以舒適、自在地休息，即使是局部的按摩（頭部或太陽穴），緩和的、催眠式的按摩幾乎總能發揮神奇的效果。當緊繃的的肌肉放鬆時，全身與心靈也跟著放鬆了。一個在按摩之前心煩意亂，甚至沮喪的心靈，在按摩之後，大都會充滿安祥、寧靜，再度活力洋溢。

按摩這種方法，不受醫療設備和美容設施的限制，方法簡易且效果確切，非常合乎當今回歸自然潮流的一種美容方法。按摩不僅能使疲憊的身心得到舒暢，更能傳達信賴與喜悅，我們何不鼓勵自己以及朋友去嘗試呢？

不論幾歲，處於生命的哪一個階段，在時間、預算皆能負擔得起的範圍內，就近選一處ＳＰＡ美容館，想遠離塵囂，就從這裡開始。

《解病：解讀身體病徵的 246 個信號》

瓊安、賈桂林◎合著　李文昭◎譯　定價：350 元

★　它們是疾病的徵兆，還是正常的生理變化？

我們都注意到身體有討厭、怪異、難看或讓我們難為情的地方。指甲也許太黃、經常放屁，或聞起來有阿摩尼亞的味道，這些都是身體健康警訊的徵兆。

《不同血型不同飲食》【全新修訂版】

彼得戴德蒙／凱薩琳惠妮◎著　王幼慈◎譯　定價：290 元

★　美國書界評論家：十大最有影響力的健康書之一
★　全球暢銷超過 300 萬冊，已被譯成 50 種語文

四種血型、四種飲食、四種運動方案、四種健康生活計畫
一本依血型打造而成的個人飲食計畫。

《頭腦好的人都喝亞麻仁油》

南清貴◎著　陳惠琦◎譯　定價 280 元

★　針對上班族、學生族，不同場合，不同需求的飲食指南

亞麻仁油富含人體最缺乏的Omega-3不飽和脂肪酸，是人類最應該每天攝取的優質食用油。每天兩茶匙，幫你做好體內環保、補充人體必需胺基酸、維持大腦清晰運作、改善過敏、預防常見疾病。

《橄欖油神奇健康法》

松生恒夫◎著　蕭雲菁◎譯　定價：250 元

★　地中海居民健康長壽的好理「油」

富含omega-9不飽和脂肪酸　，不管熱炒、煎炸皆不易氧化。每天攝取2湯匙可預防罹患心血管疾病、腦部疾病、糖尿病、便秘、動脈硬化以及癌症。

《男人不生病的幸福生活》

石原結實◎著　劉又菘◎譯　定價：250 元

★　推薦給四十歲以上的男性

一個改變自己後半輩子的生活方式！
是男人都該讀59個提升精力維護健康的鐵則！運用石原式鍛鍊法＋提升體溫的生活方式，有效改善男人體質，把握下半身的性福，維護自己的健康。

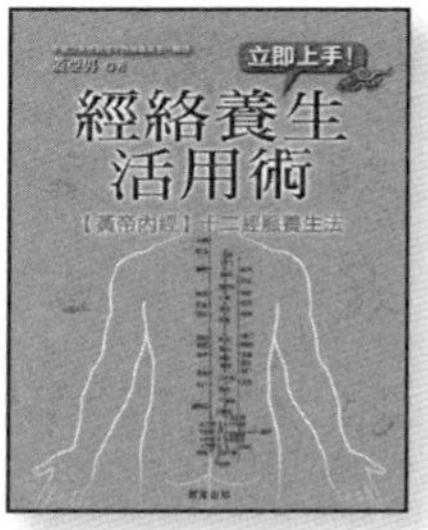

《經絡養生活用術》

蓋亞男◎著　定價：350／特價：249 元

★　一本最科學、簡便、實惠的家庭養生祕方

結合中、西醫術精粹，融匯傳統秘方、貫通現代醫理，深入淺出分析，一套獨特的經脈養生秘方，包括7大養生法，27種臟器和情緒調理法，14種食療處方和6種自然養生妙招。

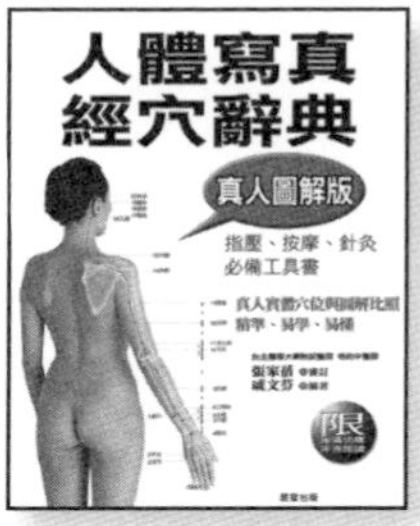

《人體寫真經穴辭典》

戚文芬◎著　定價：1000／特價：799 元

★　真人實體寫真，指壓、按摩、針灸必備工具書

針對人體各種不同的經絡有不同的功效，
用於針灸，可以引氣、治病。
用於指壓按摩，可以舒緩筋骨、達到養生保健之功效。

《別讓常識傷害你的皮膚》

王國憲、黃中瑀◎著　定價：250 元

★　美美水水的肌膚，該如何有效保養、預防與治療？

中西醫皮膚科醫師告訴你，最正確的保養皮膚法。收錄最常見22種皮膚病的150個Q&A，以及教你透過飲食、藥膳、茶飲、穴位按摩等方法來保養皮膚。

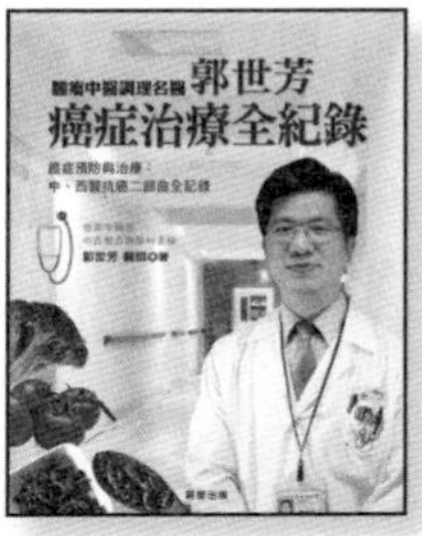

《郭世芳癌症治療全紀錄》

郭世芳◎著　定價：250 元

★　癌症預防與治療：中、西醫抗癌二部曲

擁有中西醫雙執照郭世芳醫師，以他長年治療癌症的臨床實務經驗，用中西醫的觀點，透過西醫手術、中藥、食療等方式，為一般常見的癌症疾病，量身訂作的抗癌治療法。

《不用刀手術：布魯士根菜汁的神奇配方》

王康裕◎著　定價：250 元

★　國內有機飲食界第一人 ‧ 自然療法先鋒的第一本書

全世界盛行最久、銷路最廣的經典自然療法。
5種根菜汁，風靡全球40餘國，
影響數百萬人——布魯士根菜汁療法。

國家圖書館出版品預行編目資料

美麗危肌：保養、化妝、微整形／李熙麗著.——初版.——台中市：晨星，2013.1
面； 公分.（健康百科；17）

ISBN 978-986-177-655-2（平裝）

1.皮膚美容學 2.化妝品

425.3 101021276

健康百科 17

美麗危肌：保養、化妝、微整形

作者 李熙麗
主編 莊雅琦
編輯 陳盈燕
網路編輯 蘇琬婷
美術排版 林姿秀

負責人 陳銘民
發行所 晨星出版有限公司
台中市407工業區30路1號
TEL：（04）2359-5820 FAX：（04）2355-0581
E-mail: health119@morningstar.com.tw
http://www.morningstar.com.tw
行政院新聞局局版台業字第2500號
法律顧問 甘龍強律師
承製 知己圖書股份有限公司 TEL：（04）23581803
初版 西元2013年1月31日

總經銷 知己圖書股份有限公司
郵政劃撥：15060393
（台北公司）臺北市106羅斯福路二段95號4F之3
TEL：（02）23672044 FAX：（02）23635741
（台中公司）台中市407工業區30路1號
TEL：（04）23595819 FAX：（04）23597123

定價 250 元
ISBN 978-986-177-655-2
Printed in Taiwan
（缺頁或破損的書，請寄回更換）

◆讀者回函卡◆

以下資料或許太過繁瑣，但卻是我們瞭解您的唯一途徑
誠摯期待能與您在下一本書中相逢，讓我們一起從閱讀中尋找樂趣吧！

姓名：＿＿＿＿＿＿＿＿＿＿ 性別：□男 □女 生日： / /

教育程度：□小學 □國中 □高中職 □專科 □大學 □碩士 □博士

職業：□學生 □軍公教 □上班族 □家管 □從商 □其他＿＿＿＿＿＿＿＿

月收入：□3萬以下 □4萬左右 □5萬左右 □6萬以上

E-mail：＿＿＿＿＿＿＿＿＿＿＿＿＿＿ 聯絡電話：＿＿＿＿＿＿＿＿＿＿

聯絡地址：□□□＿＿＿＿＿＿＿＿＿＿＿＿＿＿＿＿＿＿＿＿＿＿＿＿

購買書名： 美麗危肌：保養、化妝、微整形

・從何處得知此書？

□書店 □報章雜誌 □電台 □晨星網路書店 □晨星養生網 □其他＿＿＿＿＿

・促使您購買此書的原因？

□封面設計 □欣賞主題 □價格合理

□親友推薦 □內容有趣 □其他＿＿＿＿＿＿＿＿＿＿＿＿＿＿＿＿＿＿＿

・您有興趣了解的問題？（可複選）

□中醫傳統療法 □中醫脈絡調養 □養生飲食 □養生運動 □高血壓 □心臟病

□高血脂 □腸道與大腸癌 □胃與胃癌 □糖尿病 □內分泌 □婦科

□懷孕生產 □乳癌／子宮癌 □肝膽 □腎臟 □泌尿系統 □攝護腺癌 □口腔

□眼耳鼻喉 □皮膚保健 □美容保養 □睡眠問題 □肺部疾病 □氣喘／咳嗽

□肺癌 □小兒科 □腦部疾病 □精神疾病 □外科 □免疫 □神經科

□生活知識 □其他＿＿＿＿＿＿＿＿＿＿＿＿＿＿＿＿＿＿＿＿＿＿＿＿＿＿

以上問題想必耗去您不少心力，爲免這份心血白費

請務必將此回函郵寄回本社，或傳眞至(04)2359-7123，感謝您！

◎每個月15號會抽出三名讀者，贈與神祕小禮物。

晨星出版有限公司 編輯群，感謝您！

請填妥後對折裝訂，直接投郵即可，免貼郵票。

廣告回函
台灣中區郵政管理局
登記證第267號
免貼郵票

407

台中市工業區30路1號

晨星出版有限公司

請沿虛線摺下裝訂，謝謝！